Michael Brückner

Uhren – Kleine Marken für große Liebhaber

Michael Brückner

Uhren

Kleine Marken für große Liebhaber

Impressum:

Michael Brückner
Uhren – Kleine Marken für große Liebhaber

1. Auflage 2017

in der Mediengruppe Westarp
Kirchstr. 5 - 39326 Hohenwarsleben
www.westarp.de, www.westarp-bs.de, www.book-on-demand.de
produkthaftung@westarp.de

ISBN: 978-3-86460-684-7

Printed in Germany.

INHALT

Vorwort

Sie sind Uhrenfreund oder vielleicht sogar passionierter Sammler? Die Wahrscheinlichkeit ist groß, denn ansonsten hätten Sie vermutlich dieses Buch nicht erworben. Darüber hinaus vermute ich, dass Sie bereits das eine oder andere Uhrenbuch besitzen. In diesem Fall darf ich Ihnen schon an dieser Stelle versprechen: Das vorliegende Buch ist ganz anders als die vielen Publikationen, die bereits auf dem Markt sind (und – nebenbei bemerkt – zum Teil auch vom Autor dieses Buches verfasst wurden). Nein, ich erzähle Ihnen nicht zum hundertsten Mal die Geschichte von Rolex, obgleich ich eine hohe Affinität zu dieser Marke habe. Auch die wechselvolle Geschichte von IWC finden Sie in diesem Buch nicht, ebenso wenig die Historie von Patek Philipp. Das alles ist längst bekannt und muss nicht wiederholt werden.

Im Mittelpunkt des vorliegenden Buches stehen kleine Marken – Micro-Brands, wie sie im Marketingjargon genannt werden. Hinter ihnen stehen mitunter nur ein paar Personen, deren Leidenschaft zu Uhren dadurch ihren Höhepunkt erreicht, dass sie eines Tages beschließen, selbst Uhren zu bauen, und sie irgendwann den eigenen Namen auf dem Zifferblatt sehen. Kennen Sie zum Beispiel Cornehl-Uhren aus Stuttgart? Oder die hochfeinen Zeitmesser der Luzerner Marke Hess? Sind Ihnen schon einmal Armbanduhren aus dem kleinen Hamburger Atelier von Christine Genesis begegnet? Oder wussten Sie, dass es eine interessante

Uhrenmarke auf Island gibt? All dies und vieles mehr erfahren Sie in diesem Buch.

Aber nicht nur das: Ich beschäftige mich mit dem bis heute rätselhaften Phänomen der Zeit, führe Sie ein in die faszinierende Welt der Fliegeruhren und verrate Ihnen, welche Kriterien eine Uhr werthaltig machen. Denn tatsächlich hat sich in den vergangenen Jahren gezeigt: Uhren eignen sich auch als Kapitalanlage. Vorausgesetzt, man kennt die wertsteigernden Faktoren. Ein Special über das spannende Thema Regulatoren und Einzeigeruhren sowie ein Interview mit einem erfahrenen Sammler runden dieses Buch ab.

Bevor Sie sich in die faszinierende Welt der kleinen, feinen Uhrenmarken stürzen, darf ich Ihnen eines noch versichern: Viele vergleichbare Bücher finanzieren sich durch Werbung oder aber sie veröffentlichen bezahlte PR-Texte. Auf beides habe ich bewusst verzichtet. Ich habe alle in diesem Buch veröffentlichten Manufakturen oder Ateliers persönlich besucht und mit den Menschen gesprochen, die hinter diesen kleinen Marken stehen. Alle Texte wurden von mir verfasst. Wer ein Uhrenbuch ersteht, hat – wie ich meine – ein Recht darauf, dass er eine redaktionelle Leistung erwirbt und keine Zusammenstellung von Texten aus den jeweiligen PR-Agenturen. Insofern finanziert sich dieses Buch einzig und allein aus den Vertriebserlösen. Sollte Ihnen diese Publikation daher gefallen, würden wir uns freuen, wenn Sie uns an andere Uhrenfreunde weiterempfehlen.

Doch nun wünsche ich Ihnen eine spannende und inspirierende Lektüre.

Ihr
Michael Brückner

Ingelheim im Mai 2017

Prolog

Von Roland Baader (1940–2013)

Ökonom, Sozialphilosoph, Unternehmer und Schriftsteller

„Jeder Mensch hat nur *ein* Leben auf Erden, und diese Zeit, diese seine einzige Lebenszeit ist unendlich kostbar. Jeder Tag, den er in Zwang und Vormundschaft, in Lüge und Manipulation verbringen muss, jede Stunde, die er nach falschen Zielen und Illusionen leben muss, ist *verlorenes Leben*. Zeit ist unser einziges unwiederbringliches Eigentum, ist – wie Seneca sagt – das einzige, was selbst der Dankbare nicht zurückgeben kann. Und Lebenszeit, in Unfreiheit und unter unwürdiger Funktionärsverwaltung verbracht, ist geraubte Zeit, ist vorgezogener Tod."[1]

---

1 Roland Baader: Das Ende des Papiergeld-Zeitalters. Ein Brevier der Freiheit, herausgegeben von Rahim Taghizadegan, Bern 2016, S. 153

Ach du liebe Zeit …

Der Versuch, einem rätselhaften Phänomen auf den Grund zu gehen

Vor einigen Jahren hatte ich das Vergnügen, als Studiogast an einer Sendung des WDR-Hörfunks teilzunehmen. „Ach du liebe Zeit“ war der vielsagende Titel. Die Hörerinnen und Hörer waren aufgerufen, über ihr ganz persönliches Verhältnis zur Zeit und damit auch zu den Uhren zu berichten. Es handelte sich um eine sogenannte Call-in-Sendung, das heißt, die Anruferinnen und Anrufer wurden ins Studio zur Moderatorin durchgestellt. Meine Aufgabe als therapieresistenter Uhrensammler und Freund außergewöhnlicher Zeitmesser war es, zu erklären, weshalb man eigentlich noch Armbanduhren braucht, wo doch jeder die genaue Zeit von seinem Smartphone, seinem Computer oder eben von der Kirchturms- oder Bahnhofsuhr ablesen kann. In der Tat, wir sind von Uhren umgeben, was der Frage Berechtigung verleiht, weshalb eine nach wie vor große Zahl von Menschen viel Geld für Armbanduhren ausgibt. Ja, manche investieren ein ganzes Vermögen in diese filigranen Meisterwerke.

Ich muss gestehen, während der Zugfahrt von Mainz nach Köln zweifelte ich ernsthaft, ob sich tatsächlich eine größere Zahl von Hörerinnen und Hörern zu diesem doch sehr speziellen Thema äußern würde. Es war einer der ersten warmen Frühlingstage des Jahres, und da sollten die meisten Menschen, denen ein paar

Stunden Freizeit vergönnt waren, doch andere Prioritäten setzen, als über die Zeit und die Notwendigkeit von Uhren zu diskutieren. Sollten nicht genug Anrufer in der Leitung sein, so war es mit der Moderatorin abgesprochen, müsste ich eben länger über die Hintergründe meiner Uhrenleidenschaft erzählen. Zu unser aller Überraschung meldeten sich aber so viele Zuhörerinnen und Zuhörer, dass am Ende nicht alle zu Wort kamen. Und auch ich musste mich mit meinen Antworten sehr kurzfassen. Offensichtlich hatte die Redaktion mit diesem Thema den Nerv der Menschen getroffen.

Gleich die erste Anruferin ließ uns wissen, sie trage schon lange keine Armbanduhr mehr. Uhren seien letztlich nur Instrumente der sogenannten Beschleunigungsgesellschaft, und sie lasse sich von einer Uhr am Handgelenk nicht zusätzlich unter Druck setzen. Sich nicht unter Druck setzen zu lassen, ist sicher eine gesunde Lebenseinstellung, schließlich machen wir uns selbst den meisten Stress. Ich fragte die Anruferin, ob sie auch alle Kalender aus ihrem Umfeld verbannt habe. „Natürlich nicht. Wieso?“, antwortete sie etwas perplex. „Nun, wenn Sie glauben, ohne Uhr am Handgelenk könnten Sie der Beschleunigungsgesellschaft entkommen, dann wäre es nur logisch, auch auf Kalender zu verzichten, in der Hoffnung, fortan nicht mehr zu altern.“ Die eine Behauptung ist so unsinnig wie die andere. Als höflicher Mensch sagte ich das zwar nicht, aber ich hatte die Hoffnung, die Anruferin würde irgendwann selbst darauf kommen.

Wenn ich über die Zeit spreche, bekomme ich immer wieder die gleichen Argumente zu hören: Wir lebten in einer gnadenlosen Beschleunigungsgesellschaft, die Zeit vergehe immer schneller, Multitasking sei angesagt, also die vermeintliche Fähigkeit, mehrere Dinge gleichzeitig zu verrichten. Das freilich gelingt nicht immer. „Multitasking endet nicht selten in Multimurks", sagte mir vor einiger Zeit ein erfolgreicher Schweizer Unternehmer. Damit dürfte er wohl recht haben.

Zeitmanagement – ganz praktisch

Zeitmanagement – wie viele Autoren von Ratgeber-Büchern und Dozenten teurer Seminare haben damit schon viel Geld verdient. Man kann zu diesem Thema Hunderte von Buchseiten füllen und stundenlange Vorträge halten. Oder aber man macht es kurz wie jener alte und etwas kapriziöse Professor an einer öffentlichen Verwaltungsschule, der einigen Seminarteilnehmern aus der freien Wirtschaft möglichst anschaulich erklären wollte, wie man seine Zeit wirklich effizient managt. Er stellte ein halb mit Wasser gefülltes gläsernes Gefäß auf den Tisch. Anschließend ließ er zehn größere Steine ins Wasser eintauchen, wodurch der Pegelstand im Gefäß naturgemäß stieg. Danach griff der Professor zu einem Sack mit kleinen Kieselsteinen. Er schüttete nur wenige dieser Steinchen in das Glasgefäß, denn das Wasser sollte ja nicht überschwappen. Schließlich gab er noch etwas Sand ins Gefäß, das damit randvoll gefüllt war. Danach demonstrierte er den umgekehrten Weg. Er schüttete je einen Sack Kieselsteine und Sand in das wieder zur Hälfte mit Wasser gefüllte Gefäß. Der Wasserpegel stieg deutlich an. Dann folgten die großen Steine: der erste Stein, der zweite, der dritte – und hoppla, beinahe wäre das Wasser übergeschwappt.

Was will uns diese Geschichte sagen? Ganz einfach: Werfen Sie zunächst alle großen Steine ins Wasser. Zuvor legen Sie aber fest, welches die „großen Steine" in Ihrem Leben sind. Also zum Beispiel Gesundheit, Familie, die Umsetzung von Plänen oder einfach Entspannung. Erst wenn diese großen Steine alle im Wasser liegen, schütten Sie die weniger wichtigen (Kiesel) und die nebensächlichen Dinge (Sand) hinzu. Eine hilfreiche Empfehlung, denn neigen wir nicht alle dazu, kostbare Zeit mit Nebensächlichkeiten zu vergeuden?
Die Zeit sei eine knappe Ressource, heißt es goldrichtig. Keiner weiß, wie knapp sie für einen ganz persönlich ist. Da liegt es auf der Hand, dass man Zeit gewinnen und verlieren kann. Und man kann Zeit verschenken – möglicherweise das kostbarste Geschenk überhaupt. Es gibt Zeitgenossen, die unsere Zeit rauben (zum Beispiel jene unsäglichen Schwätzer, die jeder schon in Meetings kennenlernen durfte), und andere, denen wir gern unsere Zeit schenken. Wieder andere vertreiben sich die Zeit, weil sie damit nichts anzufangen wissen, weil ihnen langweilig ist. Wenn wir zum Beispiel warten müssen, wird uns langweilig. Wir empfinden das Warten als Zeitvergeudung. In den Wartezimmern der Ärzte blättern manche Patienten in purer Verzweiflung in Zeit-

schriften, die sie normalerweise niemals in die Hände nehmen würden. In anderen Kulturkreisen indessen hat die Wartezeit einen besseren Ruf. Sie gilt als „gewonnene Zeit", weil man sie sich normalerweise nie nehmen würde. In China zum Beispiel schätzt man durchaus Momente, in denen „nichts" passiert. Und in Bolivien gilt es als unhöflich, bei Einladungen nicht frühestens eine Stunde nach der vereinbarten Zeit zu erscheinen. Pünktlichkeit würde die Gastgeber in Verlegenheit bringen.

DIE ZEIT – EIN UNLÖSBARES RÄTSEL?

Was aber ist Zeit? Wie lässt sich dieses seltsame Phänomen definieren? Und lässt es sich überhaupt definieren? Manche Philosophen halten die Zeit aufgrund von prinzipiellen Aporien[2] schlechterdings für ein unlösbares Rätsel. Woher kommt die Zeit? Diese Frage stellte sich schon Augustinus (354–430 n. Chr.) und kam zu folgender Antwort: „Die Zeit kommt aus der Zukunft, die nicht existiert, in die Gegenwart, die keine Dauer hat, und geht in die Vergangenheit, die aufgehört hat zu bestehen". Für andere beginnt die Zeit mit der Geburt eines Menschen. Fortan läuft die Uhr rückwärts bis zum Tod des Betreffenden. Das aber wäre keine schlüssige Zeitdefinition, sondern beschriebe allenfalls die Lebenszeit eines Menschen.

---

[2] Unter einer Aporie versteht man die Unmöglichkeit, eine philosophische Frage zu lösen.

Immerhin gibt es Versuche, die Zeit zu definieren, wobei keine so recht überzeugt. Die gängigste Definition lautet: Zeit ist der unendliche kontinuierliche Ablauf von Existenz und Ereignissen, der sich in scheinbar irreversibler Reihenfolge aus der Vergangenheit über die Gegenwart in die Zukunft abspielt. Und schon drängt sich die nächste Frage auf. Wie, bitte, definieren wir Unendlichkeit beziehungsweise Ewigkeit? Zumindest eine Anmutung von der Ewigkeit gibt folgende bekannte Geschichte: Stellen Sie sich vor, irgendwo auf unserem Planeten gäbe es einen Berg, der eine Million mal höher wäre als alle Berge auf Erden zusammengenommen. Alle zehn Millionen Jahre kommt ein Vogel aus dem All und wetzt an diesem Berg sein Schnäbelchen. Eine Sekunde der Ewigkeit ist vergangen, sobald der Berg abgetragen ist. Eine schöne Geschichte, finde ich, doch im Grunde muss die Ewigkeit zeitlos sein. Was weder Anfang noch Ende hat, lässt sich nicht einmal in Lichtjahre portionieren.

Obwohl, wie erwähnt, die Zeit auch große Philosophen vor ein Rätsel stellt, gibt es dennoch zwei unterschiedliche Ansatzpunkte, um das Phänomen Zeit zu fassen. Isaac Newton zum Beispiel sah die Zeit als Teil der fundamentalen Struktur des Universums an. Nicht von ungefähr spricht man von der „Newtonschen Zeit". Vereinfacht ausgedrückt, wird die Zeit von den Schülern Newtons als ein riesiger Behälter angesehen, in den wir alle Ereignisse packen. Immanuel Kant und Gottfried Leibniz hingegen sahen in der Zeit eine Struktur, in die wir Menschen Ereignisse in eine bestimmte Reihenfolge bringen oder vergleichen. Ist die Zeit also eine Erfindung der Menschen? Dagegen spricht, dass auch Tiere und Pflanzen eine Art Zeitgefühl haben. Es gibt tatsächlich ein Volk im Andamanen-Urwald, das ohne Uhren und Kalender auskommt, weil es die Zeit am Duft der Pflanzen erkennt. Je nach Tages- und Jahreszeit sondern diese Pflanzen mal einen stärkeren, mal einen weniger starken Duft ab.

„Mach es wie die Sonnenuhr ..."

Dieses Volk aber, das sich mit einem sehr „ungefähren" Zeitempfinden zufriedengibt, stellt eine Ausnahme dar. Denn es lässt sich nicht bestreiten, dass die Menschen schon vor Tausenden von Jahren die Zeit möglichst genau zu messen versuchten. Oft war der Mond die erste natürliche Uhr, für die Ägypter später die Sonne. Und bis heute finden wir in manchen Gärten und Parks wunderschöne Sonnenuhren, die den Menschen nicht nur die (ungefähre) Tageszeit angeben, sondern ihnen gleichzeitig auch eine weise Empfehlung mit auf den Weg geben: „Mach es wie die Sonnenuhr, zähl die schönen Stunden nur." Die schönen Stunden der Nacht freilich dürften bei strenger Befolgung dieser Maxime unter den Tisch fallen. Im frühen Mittelalter waren in vielen Klöstern sogenannte Wasseruhren im Einsatz, die den Mönchen anzeigten, wann es Zeit zum Beten war. Die Wasseruhr folgt demselben Prinzip wie die Sanduhr, die uns heute noch beim Sieden von Eiern oder beim Zähneputzen hilft.

So vage der Begriff „Zeit“ von den Philosophen auch definiert werden mag, in anderen Bereichen nimmt man diesen Begriff sehr genau. Zum Beispiel in der Physik. Die Zeit mit dem Formelzeichen „t“ ist eine der sieben fundamentalen physikalischen Größen, ebenso wie etwa Masse, Strom und Temperatur. Die Geschwindigkeit messen wir in Kilometer pro Stunde. Unter Lichtgeschwindigkeit verstehen wir die Strecke, die das Licht in einem Jahr zurücklegt. Sie entspricht 9,4605 Billionen Kilometer[3]. Wenn Sie glauben, das sei eine nahezu unvorstellbare Strecke, dann sollten Sie sich vor Augen führen, dass unsere Milchstraße einen Durchmesser von rund 150.000 Lichtjahren hat. Der Vollständigkeit halber sei auch der wenig bekannte Begriff „Parsec“ erwähnt; dieses Wort setzt sich zusammen aus Parallaxe und Sekunde. Auch hier spielt die Zeit also eine wichtige Rolle. Ein Parsec entspricht 3,26 Lichtjahren.

Bleiben wir noch einen Augenblick bei der Physik und wenden wir uns einem der prominentesten Physiker der Geschichte zu: Albert Einstein. Seit seiner Relativitätstheorie wissen wir, dass die Zeit langsamer vergeht, je weiter wir uns an die Lichtgeschwindigkeit annähern. Salopp ausgedrückt: Gelänge es, einen Menschen mit annähernder Lichtgeschwindigkeit durchs All zu jagen, würde sich dieser Ausflug gleichsam als „Jungbrunnen“ erweisen.

---

[3] Pro Sekunde legt das Licht eine Entfernung von circa 300.000 Kilometern zurück.

Renaissance der „Doctor's watch"

Natürlich kommt darüber hinaus der Zeit in der Medizin eine wichtige Bedeutung zu. Schon so banale Dinge wie die Pulsmessung setzt eine Zeiteinheit voraus – eben die Zahl der Pulsschläge pro Minute. Bis in die 1960er-Jahre, als der Hausarzt seine Patienten noch zu Hause am Bett besuchte und keine der heute üblichen elektronischen Helfer zur Hand hatte, fühlten die Ärzte den Puls und schauten auf ihre Armband- oder Taschenuhr. Manche Uhrenhersteller wollten es den Medizinern etwas einfacher machen und brachten sogenannte „Doctor's watches" auf den Markt. Dabei handelte es sich um Uhren mit springendem Sekundenzeiger – so wie er heute bei Quarzuhren üblich ist. Mechanische Uhren hingegen verfügen über eine schleichende Sekundenanzeige. Der Zeiger dreht in diesem Fall also eher gemächlich seine Runde über das Zifferblatt. Die springende Sekunde erleichterte es den Ärzten, ihren Patienten die genaue Pulsfrequenz zu messen. Später wurden Armbanduhren mit springender Sekunde nicht mehr gefertigt, „Doctor's watches" waren einfach nicht mehr gefragt. Es war die kleine, aber feine Uhrenmanufaktur Habring[2] in Kärnten, die diese fast schon vergessen geglaubte Komplikation wieder zum Leben erweckte.

Auch in der Ökonomie spielt die Zeit eine wichtige Rolle. „Zeit ist Geld", sagte einst Benjamin Franklin im Jahr 1748, also zu einer Zeit, als noch niemand etwas mit dem Begriff „Sekundenhandel" anfangen konnte, auf den ich gleich noch näher eingehen werde. „Zeit ist Geld" mahnt uns heute, keine Zeit zu vergeuden, weil die Zeit knapp und daher wertvoll ist. Mit anderen Worten: Wer Zeit vergeudet, verschwendet einen wertvollen Rohstoff. „Zeit ist Geld" ist aber oft auch das Mantra jener Zeitgenossen, die quasi mit Dollar-Zeichen in den Augen rastlos jedem möglichen Gewinn nachhecheln. Ganz so, als sei es wirklich ein erstrebenswertes Ziel, eines Tages der reichste Mann oder die reichste Frau auf dem Friedhof zu sein. Abgesehen von solch eher fragwürdigem Verhalten, spielt die Zeit in der Ökonomie tatsächlich eine entscheidende Rolle. Dort, wo die Zeit auf das Geld trifft, kommen die Zinsen ins Spiel. Wie viel Zinsen wir für ein Darlehn zahlen müssen, hängt neben der Zinshöhe vor allem von der Laufzeit des Kreditvertrags, also von der Zeit, ab.

Ein kurzer Exkurs: Sie nehmen zur Finanzierung einer Eigentumswohnung ein Darlehen von 250.000 Euro auf. Dafür zahlen Sie pro Jahr 1,59 Prozent Zinsen. Gehen wir hypothetisch davon aus, dass der Zinssatz bei der nach zehn Jahren fälligen Anschlussfinanzierung auf 3,0 Prozent steigt. Sie tilgen während der gesamten Laufzeit mit jährlich 2,0 Prozent der Darlehenssumme. In diesem Fall hätten Sie Ihre Immobilie nach etwa 37 Jahren entschuldet. Ihrer Bank hätten Sie in dieser Zeit aber weit über 110.000 Euro Zinsen zahlen müssen. Das zeigt, wie sehr sich der Faktor Zeit auf den Preis eines Darlehns auswirkt.

Zeit ist Geld? Stimmt!

Das gesamte Derivate-Geschäft wäre ohne den Zeitfaktor ebenfalls nicht möglich. Wer eine Option oder einen Future kauft, geht eine Wette mit der Zeit ein. Er wettet darauf, dass die betreffende Ware, der Rohstoff oder die Aktie zu einem bestimmten Zeitpunkt teurer oder billiger sein wird als aktuell. Entsprechend sichert er sich das Recht, dann das betreffende Produkt zu einem vorab fixierten Preis kaufen (call) oder verkaufen (put) zu können. Eine Fluggesellschaft, die in den nächsten Monaten steigende Ölpreise erwartet, sichert sich ab, indem sie das Recht erwirbt, den Treibstoff später zu einem noch günstigen Preis erstehen zu können (sogenanntes Hedging).

Mitunter kommt es sogar auf Sekunden an. So zum Beispiel beim schon erwähnten Sekundenhandel an der Computerbörse. Darunter versteht man eine besonders schnelle Variante des Daytradings, also des Handels mit Wertpapieren innerhalb eines Tages. Wie der Begriff schon vermuten lässt, werden beim Sekundenhandel Aktien oft nur wenige Sekunden bis Minuten gehalten.

Sie sehen, die Zeit spielt in unserem Leben in vielerlei Hinsicht eine prominente Rolle – ob wir dies nun wollen oder nicht. Doch wie steht es mit unserer Zeitwahrnehmung? Es ist ein sonderbares Phänomen, dass – je älter wir werden – die Zeit umso schneller zu vergehen scheint. Wer heute seinen 20. Geburtstag feiert, für den liegt der 10. Geburtstag unglaublich lange zurück. Damals noch ein Kind, ist aus dem Menschen nun ein junger Mann oder eine junge Frau geworden. Wer hingegen seinen 60. Geburtstag vorbereitet, der kann es kaum fassen: Hat man nicht gerade erst den 50. gefeiert? Sollen tatsächlich schon wieder 10 Jahre vergangen sein? In unseren jungen Jahren scheint sich unser Leben im Zeitlupentempo abzuspielen, im Alter hingegen im Zeitraffer. Worauf ist dieser Effekt zurückzuführen?

Vergeht im Alter die Zeit schneller?

Zum einen ist dieser Effekt natürlich eine Folge der bereits zurückgelegten Lebenszeit. Einfach ausgedrückt: Ein 10-Jähriger muss seine gesamte, seit einer Geburt zurückgelegte Lebenszeit noch einmal erleben, bis er 20 Jahre alt ist. Für einen 50-Jährigen vergehen nur 20 Prozent seiner bisherigen Lebenszeit bis zu seinem 60. Geburtstag. Ähnlich verhält es sich mit dem Urlaubseffekt. Sicher haben Sie das auch schon einmal erlebt: Sie fahren zwei Wochen in die Ferien. Die erste Woche vergeht erfreulich langsam. Sie lernen eine fremde Umgebung und fremde Menschen kennen, entdecken beinahe jeden Tag Neues, suchen sich Restaurants aus und relaxen am Hotel-Pool oder am Meer. Nach einer Woche Urlaub stellen Sie beruhigt fest, dass gerade erst Halbzeit ist und noch eine wunderschöne Ferienwoche vor Ihnen liegt. Doch plötzlich ist es schon Zeit zum Kofferpacken. Die zweite Woche schien viel kürzer zu sein als die erste. Das ist natürlich Unsinn, denn jede Woche hat sieben Tage und jeder Tag

24 Stunden. Der Grund für dieses unterschiedliche Zeitempfinden ist ganz woanders zu suchen: In der ersten Woche nehmen Sie viele neue Dinge wahr, die Ihr Gehirn verarbeiten muss. Für das Gehirn spiele es eine große Rolle, wie viel es innerhalb eines bestimmten Zeitintervalls als Erinnerung gespeichert habe, stellt Rolf Ulrich fest, der sich an der Universität Tübingen mit dem Phänomen der Zeitwahrnehmung auseinandersetzt. Retrospektiv – also rückblickend – betrachtet, nehme der Mensch Zeitintervalle, in denen er viel Neues erlebt habe, als länger wahr. Folgt das Leben nur ständig einer immerwährenden Routine, wird der Zeitablauf als kürzer empfunden. Nicht vorenthalten möchte ich Ihnen an dieser Stelle ein wundervolles Zitat von John Steinbeck zum Thema Zeit:

"Zeitablauf und Zeitabstand machen sich in der Menschenseele auf merkwürdige und widersprüchliche Weise geltend. Man sollte logischerweise annehmen, dass eine mit immer gleicher Gewohnheitstätigkeit ausgefüllte oder eine ereignislose Zeitspanne als nicht enden wollend erscheint. Es sollte so sein, es ist aber nicht so. Langweilige, ereignislose Zeitabschnitte sind mit überhaupt keiner Dauervorstellung verbunden. Eine mit packenden Ereignissen übersäte, von tragischen Vorkommnissen zerrissene, von Freudenausbrüchen gleichsam zerspaltene Zeitspanne, eine solche erscheint in der Erinnerung als von langer Dauer. Und das ist, wenn man's genauer durchdenkt, durchaus folgerichtig. Ereignislosigkeit bietet keine Pfosten, zwischen denen man die

Girlande der Dauer anbringen kann. Vom Nichts zum Nichts zieht sich keine Zeit."[4]

Das unterschiedliche Zeitempfinden

Manche Menschen verfügen über eine sehr gute Zeitwahrnehmung. Sie wissen in etwa, wie spät es ist, ohne auf die Uhr zu schauen. Bei anderen Menschen ist dieses Zeitempfinden schwach ausgeprägt, weshalb sie große Probleme haben, pünktlich zu sein und Arbeiten termintreu abzuliefern. Warum das so ist, kann die Wissenschaft bis heute nicht beantworten. Die Zeit sei eben ein vielschichtiges und schwieriges Konzept, stellt Wissenschaftler Ulrich fest. Im Gegensatz zum Tasten, Schmecken, Sehen, Hören und Riechen gebe es kein Sinnesorgan für die Zeit. Und dennoch empfinden wir sie – der eine mehr, der andere weniger.

Doch unabhängig davon, wie präzise Ihr ganz persönliches Zeitempfinden ausgeprägt ist, sollten Sie grundsätzlich über den angemessenen Umgang mit der Zeit nachdenken. Eingangs erwähnte ich die Anruferin, die sich in der Call-in-Sendung meldete, und nach eigenen Angaben Armbanduhren ablehnte, weil diese angeblich nur für Hektik und Stress sorgten. Doch Stress und Hektik machen nicht unsere Uhren, beides machen

---

4 John Steinbeck: Jenseits von Eden, 1952

wir uns selbst. Statt unsere Armbanduhr vom Handgelenk zu nehmen, sollten wir ernsthaft über unseren Umgang mit der Zeit nachdenken. Zunächst: Jeder von uns hat seine ganz individuelle Lebenszeit, und keiner weiß, wie lang sie letztlich ist. Lassen wir uns diesen wichtigen Rohstoff daher nicht von anderen rauben – nehmen wir uns die Zeit, die wir brauchen. Wir haben nur ein Zeitkonto und können dieses nicht einfach wieder aufladen wie einen Akku. Verwechseln wir auch niemals hektische Arbeit mit speditiver Arbeit. Das eine ist Ausdruck von Aktionismus, das andere von Strategie. Speditives Arbeiten ist effizient. Man setzt die knappe Ressource Zeit so ein, um einen größtmöglichen Ertrag (also zum Beispiel erledigte Arbeit) zu erzielen.

Wer (wieder) Herr über seine eigene Zeit werden möchte, dem empfehle ich einen Besuch der Internetseite des „Vereins zur Verzögerung der Zeit"[5], der im Jahr 1990 von Professor Dr. Heintel in Klagenfurt aus der Taufe gehoben wurde. Im Zeitmanifest des Vereins heißt es unter anderem:

„Frei ist der Mensch, der über seine Zeit selbst bestimmen kann. Frei ist die Gesellschaft, die ihren Umgang mit der Zeit in einem gemeinschaftlichen Diskurs aushandeln kann. Deshalb setzen wir uns dafür ein, individuelle und kollektive Zeitautonomie als Menschenrechte zu manifestieren."

---

[5] www.zeitverein.com

Eine schöne Anekdote zum Thema Entschleunigung lieferte Albert Einstein. Gefragt, was er täte, wenn er wüsste, dass morgen die Welt untergehe, antwortete er: „Schleunigst in die Schweiz fahren. Dort dauert alles ein bisschen länger."

Wussten Sie, dass ...
... in China die Sonne mehrmals am Tag aufgeht (das Land umfasst fünf Zeitzonen, doch für alle gilt dieselbe Uhrzeit).

... eine Bakterie nur 20 Minuten lebt?

... die derzeit besten Atomuhren erst nach 30 Millionen Jahren um eine Sekunde falsch gehen würden?

... die Babylonier den 24-Stunden-Tag erfanden?

... die Dauer einer Woche willkürlich gewählt ist?

... die Erfindung mechanischer Uhren zwischen dem 13. und 14. Jahrhundert erfolgte?

Klassisch-schön: der Regulator in Stahl von Cornehl (Stuttgart)

Cornehl-Uhren: Die junge Marke aus Stuttgart

In einem kleinen Atelier im Stuttgarter Osten entstehen die Uhren der noch sehr jungen Marke Cornehl. Im Jahr 2016 gingen Steffen und Ulrike Cornehl an den Start und waren erstmals auf der Munichtime und Viennatime vertreten. Wir besuchten sie, nahmen ihre kleine Kollektion unter die Lupe und gingen der Frage nach, welche Philosophie hinter diesen Uhren steht.

Die Leidenschaft zu Uhren, sagt man, begleitet die Betroffenen oft ein Leben lang. Was freilich nicht ausschließt, dass sie mitunter Zyklen aufweist. Steffen Cornehl entwickelte schon in jungen Jahren eine besonders intensive Beziehung zu Zeitmessern ganz unterschiedlicher Art. Während seiner Ausbildung in Hamburg entdeckte er unter anderem seine Liebe zu antiken Uhren. Auch Präzisionspendeluhren interessierten ihn so sehr, dass er später – zusammen mit einigen Mitstreitern – drei dieser außergewöhnlich exakten Zeitmesser selbst baute. Als Serviceuhrmacher bei einem renommierten Juwelier in Reutlingen reparierte er Uhren von den ersten Adressen der Haute Horlogerie. Später arbeitete er für Blancpain, bevor er an der Uhrmacherschule Karlstein in Niederösterreich seine Meisterprüfung ablegte. Seine Expertise als Reparateur antiker Uhren wurde von den Kunden geschätzt. Insgesamt also eine lupenreine Karriere in der Branche der tickenden Kunstwerke.

Und dennoch war Steffen Cornehl nicht wirklich zufrieden. Vielleicht lag das daran, dass er die Berufsbezeichnung „Uhrmacher“ von Anfang an ganz wörtlich interpretierte. Er wollte Uhren „machen“, im Sinne von herstellen, und sie nicht ausschließlich reparieren. Bildhaft ausgedrückt: Sein Atelier sollte eine Art „Kreißsaal“ für Uhren werden – und nicht allein eine Reha-Anstalt, obwohl es sicher gleichermaßen faszinierend ist, alten Uhren neues Leben einzuhauchen oder sie fit zu machen für die nächsten Jahre.

Zunächst entschloss sich Steffen Cornehl aber, an der FH Esslingen ein Studium für Maschinenbau und Betriebswirtschaft zu beginnen. Nach seinem Abschluss arbeitete er einige Jahre als Ingenieur. In dieser Zeit entwickelte er aus philosophisch-spirituellen Gründen ein eher differenziertes Verhältnis zum Luxus im Allgemeinen. Braucht der Mensch Luxus? Und braucht er Luxus-Uhren?

Die Rückkehr an den Uhrmachertisch

Wer weiß, wo und in welcher Funktion Cornehl heute arbeiten würde, wäre da nicht ein Kunde in Esslingen gewesen, der Probleme mit seiner alten englischen Bodenstanduhr hatte und um Hilfe bat. „Zunächst wollte ich diesen Auftrag gar nicht annehmen. Mein Werkzeug war eingemottet, meine Erfahrungen als Uhrmacher lagen schon ein paar Jahre zurück.“ Doch der Esslinger Uhrenfreund gab nicht auf und erreichte mit seiner Hartnäckigkeit nicht nur, dass Steffen Cornehl seine Uhr reparierte, sondern sukzessive wieder zu seiner alten Leidenschaft zurückkehrte.

Zu Beginn war Improvisationstalent gefragt. Ehefrau Ulrike Cornehl erinnert sich: „Plötzlich hatten wir immer mehr Uhrmacherwerkzeug im Haus. Ein Uhrmachertisch reichte nicht, ein zweiter musste her. In unserer Küche hing plötzlich eine Uhr zum Probelaufen. Ich hatte anfangs kaum einen Bezug zur Uhrmacherei." Das sollte sich indessen bald ändern. „Heute habe ich ein absolut emotionales Verhältnis zu Zeitmessern", freut sie sich.

Mag sein, dass dieses emotionale Verhältnis vor allem darauf zurückzuführen ist, dass Steffen und Ulrike Cornehl seit 2016 mit einer eigenen kleinen, aber sehr feinen Uhrenmarke am Markt sind: „S. Cornehl Stuttgart" steht auf den Zifferblättern. Noch vor ein paar Monaten selbst bei Uhrenfreunden kaum bekannt, hat die kleine Marke innerhalb kürzester Zeit sogar Freunde in Asien gefunden.

„Wollte lernen, eine Uhr zu bauen"

Dass Menschen, die von einer Leidenschaft für mechanische Zeitmesser angetrieben werden, davon träumen, irgendwann ihre eigene Marke zu kreieren, ist nicht neu. Im Fall von Steffen Cornehl war dies aber geradezu eine prozesshafte Entwicklung. Seine Idee setzte er gleichsam strategisch um. „Ich wollte nicht nur wissen, wie man Uhren repariert, sondern auch lernen, wie man welche baut.“

Fasziniert las Cornehl die Bücher von international renommierten Uhrenkonstrukteuren wie dem 2011 verstorbenen George Daniels, dem Erfinder der Co-Axial-Hemmung. Auch der Tourbillon-Bauer Steffen Pahlow, der nie eine Uhrmacherlehre absolvierte, sondern sein profundes Tourbillon-Know-how rein autodidaktisch erwarb, weckte die Neugier von Steffen Cornehl.

„Bei der Anschaffung von Werkzeug und Geräten für mein Uhrenatelier achtete ich immer darauf, dass ich damit nicht nur Uhren reparieren, sondern auch welche herstellen konnte. Zu meinem Equipment gehörte zum Beispiel eine Fräsmaschine für Triebe und Räder, die ein Uhrmacher für Reparaturen nicht unbedingt braucht.“

2016 startet die Marke S. Cornehl

Im Jahr 2016 war die Cornehl-Kollektion mit drei Modellen marktreif. Eines dieser Modelle spiegelt eine frühe Leidenschaft des Uhrmachermeisters wider: Er liebt Regulatoren, inspiriert von den Präzisionspendeluhren, die es ihm so sehr angetan haben. Bei Regulatoren kommt es auf Minuten und Sekunden an;

die Stundenanzeige erfolgt eher klein auf einem Hilfszifferblatt. Man muss also schon etwas genauer hinschauen, um die Uhrzeit ablesen zu können – zumindest in der Anfangszeit. Aber vielleicht mögen viele Uhren-Liebhaber ihre Regulatoren am Handgelenk ja gerade deshalb: Sie müssen ihnen etwas mehr Aufmerksamkeit schenken, was viele gewiss gern tun.

Der Regulator SC1 von Cornehl ist für 4.100 Euro erhältlich. Wer die gewohnte Zeitanzeige vorzieht, für den können die Dreizeigeruhren von Cornehl – Classic Silver SC1 und Classic Black SC1 – infrage kommen. Alle Modelle gibt es mit unterschiedlichen Details, zum Beispiel mit gerändelter oder doppelbombierter Lünette, flachem oder gewölbtem Glas sowie zwei Kronen-Varianten. Auch ein guillochiertes Zifferblatt ist möglich und wurde bereits für einen Kunden von einem Meister seines Fachs angefertigt.

Im Inneren der Uhren ticken als Basiskaliber die bewährten Unitas-Werke, in die Steffen Cornehl aber viel Handwerkskunst investiert, damit der Uhren-Gourmet mit einem Blick durch den verschraubten Saphirglasboden auf der Rückseite der Zeitmesser gleichsam mit den Augen auf dem fein dekorierten Handaufzugswerk „spazieren gehen“ kann. Die Bühne hierfür bieten eine handgefertigte ¾-Platine, verschraubte Goldchatons und eine Schwanenhalsfeinregulierung. Auf dem Zifferblatt drehen handgeschliffene, polierte und gebläute Stahlzeiger ihre Runden.

Die Edelstahlgehäuse der aktuellen Kollektion haben einen Durchmesser von 42 Millimetern. Mittelfristig sollen Uhren mit einem kleineren Durchmesser und einem anderen Werk die Cornehl-Kollektion ergänzen. „Unsere Uhren sollen auch in vielen Jahrzehnten noch optisch schön sein. Deshalb legen wir Wert auf ein zeitloses und ästhetisches Design", sagt Ulrike Cornehl. Und ihr Ehemann Steffen ergänzt: „Unsere Kollektion wendet sich an Menschen, die ein emotionales Verhältnis zur Uhr haben. Wir stellen nur kleine Stückzahlen her und halten die Kollektion bewusst überschaubar. Mich fasziniert, wie in solchen Uhren Handwerk und Kunst eine harmonische Einheit bilden. Da sie nicht ruckzuck maschinell gefertigt werden, sondern in meinem kleinen Atelier in Stuttgart unter Einsatz von viel handwerklicher Kunst entstehen, sind solche Uhren aus meiner Sicht auch Symbole zur Entschleunigung der Zeit."

Baut Tourbillons für Großuhren: Matthias B. Fuchs aus der Nähe von Oberstdorf

Matthias B. Fuchs: Tourbillons für Großuhren

Üblicherweise sind Tourbillons winzige filigrane Kunstwerke, die eigentlich nur unter der Uhrmacherlupe so richtig zur Geltung kommen. Bei Matthias B. Fuchs ist das anders. Der junge Uhrmachermeister aus Ofterschwang in der Nähe von Oberstdorf im Allgäu greift beherzt in das Zifferblatt einer Großuhr – und holt ein Tourbillon, so groß wie eine Faust, heraus. Er reicht das Meisterwerk an seinen Besucher weiter, der zwar schon zahlreiche Tourbillon-Uhren, aber noch nie ein in Gang befindliches Tourbillon in dieser Größe in seinen Händen hielt. Dafür sind die in Armband- oder Taschenuhren verbauten „Wirbelwinde" viel zu winzig. Fasziniert schaut Fuchs auf dieses Tourbillion im XXL-Format. „Ich weiß nicht, wie es Ihnen geht. Aber das kontinuierliche beruhigende Drehen und Schwingen der sichtbaren Mechanik lassen mein Auge nicht mehr los." Wir können ihm da nur zustimmen. Die Faszination eines Tourbillons – nirgendwo ist sie offensichtlicher als hier.

Wir besuchen Uhrmachermeister Matthias B. Fuchs in seinem kleinen Atelier im Allgäu. Er wurde in Heidelberg geboren, besuchte die Uhrmacherschule in Schwenningen und war dann für einige der ersten Adressen der Schweizer Haute Horlogerie tätig. Später zog seine Familie nach Oberstdorf. So kam Fuchs in das etwas versteckt gelegene Ofterschwang, wo er – inzwischen selbstständig – ein Unternehmen zur Konstruktion und Analyse sowie zur Wartung und Reparatur wertvoller Zeitmesser gründete. Aber wie kommt einer wie er auf die Idee, Tourbillons zu bauen? Noch dazu für Großuhren. Für eine Standuhr mit Tourbillon muss der Liebhaber schon mal einen hohen fünfstelligen, wenn nicht gar sechsstelligen Betrag investieren. Doch der Reihe nach.

Faszination „Tourbillon"

Jeder Uhrenfreund weiß: Ein Tourbillon ist die Hohe Schule der Uhrmacherei. Erfunden wurde dieser „Wirbelwind" (denn nichts anderes heißt das französische Wort „Tourbillon" übersetzt) vom Altmeister Abraham Louis Breguet (1747–1823), dem wir unter anderem auch die Breguet-Spirale zu verdanken haben. Zunächst diente das Tourbillon dazu, Lageveränderungen in edlen Taschenuhren aufzuheben und dadurch ihre Ganggenauigkeit zu optimieren. Beim klassischen Tourbillon werden das Ankerrad, der Anker und die Unruh in einen kleinen Käfig eingebaut. Das Drehgestell wird mit dem Sekundentrieb der Uhr verbunden. Dreht sich das Sekundentrieb, macht das Tourbillon diese Bewegung mit, da sich das Ankerradtrieb am Sekundenrad abwälzen muss. Drehgestelle drehen sich meist einmal pro Minute. Lagen- oder Schwerpunktfehler werden dadurch ausgeglichen.

Heute sind Armbanduhren mit Tourbillons vor allem als High-End-Erzeugnisse im Sortiment der führenden Luxusuhren-Hersteller zu finden. Auf der Baselworld, der weltweit führenden

Uhren- und Schmuckmesse, standen Armbanduhren mit Tourbillons in den vergangenen Jahren besonders hoch im Kurs. Trotz (oder für manchen vielleicht gerade wegen) ihrer hohen Preise. Auch bei den Uhrenauktionen der führenden Häuser erzielen Zeitmesser mit dem winzigen „Wirbelwind“ in aller Regel Top-Preise.

Zurück zu Matthias B. Fuchs: Zu Beginn seiner Karriere arbeitete er zunächst bei IWC und später bei H. Moser & Cie., dem zweiten bekannten Luxusuhren-Hersteller im schweizerischen Schaffhausen. Später stellte er seine Expertise auch anderen bekannten Herstellern zur Verfügung und machte – nicht immer zur Freude der häufig in erster Linie betriebswirtschaftlich denkenden Chefs – so manche Schwachstellen aus.

Ein Kindheitstraum wird wahr

Eigentlich wäre das ein guter Start in eine vielversprechende Karriere gewesen. Engagierte Uhrmachermeister werden von den großen Herstellern und Manufakturen in der Schweiz oder im sächsischen Glashütte gesucht und entsprechend bezahlt. Der junge Uhrmachermeister Fuchs indessen hatte andere Pläne. „Außergewöhnliche Uhren zu konstruieren und zu realisieren, war schon mein Kindheitstraum“, erzählt er uns.

Bei den großen Luxus-Uhrenherstellern ist das nur bedingt möglich, denn die bringen zwar außergewöhnliche Uhren auf den Markt, aber zum Großteil eben in der Masse. Diese Stückzahlen sind nur dann zu erreichen, wenn die Herstellung gewissen Standards folgt. Das war nicht das Ding von Matthias B. Fuchs. Er wollte individuelle Zeitmesser konstruieren und gründete seine eigene Uhrenwerkstatt in Ofterschwang. Im Mittelpunkt standen zunächst die Wartung und Reparatur alter Zeitmesser. Wer ihn in seinem Atelier besucht und sich umschaut, stellt schnell fest, dass er auch heute noch vor allem so eine Art „Uhrendoktor" für wertvolle Zeitmesser ist. Doch so idyllisch die Umgebung von Ofterschwang anmuten mag und so inspirierend sie sicher auf einen kreativen Uhrmachermeister wie Fuchs wirkt, die Zahl der potenziellen Kunden hält sich in dieser ländlich geprägten Region in Grenzen. Dadurch bleibt genug Zeit, um über neue Projekte nachzudenken.

So entstand die Idee zu seinem neuen „Fubillon". Der Name setzt sich zusammen aus „Fuchs" und „Tourbillon". Das von Fuchs konstruierte, faustgroße Meisterwerk soll in wertvolle, hochpräzise Tisch- oder Wanduhren eingebaut und limitiert werden. Als wir uns mit Matthias B. Fuchs treffen, verhandelt er gerade mit einem führenden Hersteller von Großuhren.

Erstaunlich bleibt es immerhin, dass bisher kein anderer auf die Idee kam, ein herausnehmbares Tourbillon in eine Großuhr zu bauen. Wahrscheinlich dächten die entsprechenden Hersteller oftmals einfach zu kaufmännisch, mutmaßt Fuchs.

Wer sich für ein „Fubillon“ entscheidet, wird während des Herstellungsprozesses ständig auf dem Laufenden gehalten. „Ich informiere die Käufer kontinuierlich über die Bauphase ihres ‚Fubillon‘ per E-Mail oder Videos“, sagt Fuchs. Und auch nach der Fertigstellung dieses ganz besonderen Drei-Achs-Tourbillons haben die Kunden noch Einfluss auf die Optik der Uhr. Zifferblatt, Zeigerform und die Gehäusegestaltung der Großuhr werden auf Wunsch dem geplanten Standort der Uhr gerecht. Ein Designer und ein Innenarchitekt beraten hinsichtlich dieser Bauwerkskomponenten individuell. Und wie steht es mit dem Service? „Kein Problem“, verspricht Fuchs. „Selbst wenn der Kunde in Hamburg oder weiter entfernt wohnen würde, fahre ich hin, falls dies erforderlich sein sollte.“

Unterdessen schauen wir immer noch fasziniert dem Drehen und Schwingen des Tourbillons zu, den Fuchs aus einer Großuhr herausgenommen hat. „Ein Tourbillon in dieser Größe birgt übrigens Vorteile in puncto Qualitätssicherung“, sagt Fuchs. „Die winzigen Tourbillons in Taschen- oder Armbanduhren sind filigrane Meisterwerke, keine Frage. Aber bei einem so großen Tourbillon sehen Sie sehr schnell, ob die Zulieferer wirklich mit der erforderlichen Oberflächenqualität und Präzision gearbeitet haben.“

Dass es trotz des hohen Preises Kunden für Großuhren mit dem „Fubillon" gibt, daran hat Matthias B. Fuchs keine Zweifel. Schließlich sei eine solche Uhr nicht nur ein Leckerbissen für Uhren-Liebhaber, sondern aufgrund der strengen Limitierung auch eine besonders faszinierende Art der Geldanlage.

Passt nicht nur perfekt zum Abendanzug: die Hess TWO.1, silber-roségold

HESS (LUZERN): UHREN FÜR DIE ABENDGARDEROBE

In einer der kleinsten Uhrenmanufakturen der Schweiz entstehen in Luzern Zeitmesser für Individualisten und Ästheten: HESS heißt diese in Deutschland bislang kaum bekannte Marke. Dass sich die Manufaktur ihre Räume mit einer Kunstgalerie teilt, kommt nicht von ungefähr. Wir besuchten das kleine Familienunternehmen am Vierwaldstättersee.

Das Herz des Schweizer Uhrenhandels schlägt – glaubt man den Kollegen der „Handelszeitung" – eindeutig in Luzern. Rund um den zentral gelegenen Schwanenplatz verkaufen die weithin bekannten Juweliere und in zunehmendem Maße auch die Single-Brand-Stores, die sich auf nur eine Marke spezialisieren, so viele Luxus-Zeitmesser wie sonst nirgends in der Schweiz. Der Jahresumsatz der Luzerner Uhrengeschäfte soll bei etwa 700 Millionen Franken liegen.

Die Stiftstraße ist nur ein paar Gehminuten vom Schwanenplatz entfernt und mutet im Vergleich zu diesem Epizentrum der Horlogerie fast schon wie ein Refugium an. Jedenfalls geht es dort deutlich ruhiger und gelassener zu. Wer Glück hat, kann im Haus Nummer 4 durch ein Schaufenster einem Uhrmacher bei seiner filigranen Arbeit zuschauen. Eine kleine, gläserne Manufaktur. Asiatischen Kunden im Kaufrausch begegnet man dort weniger, denn so viele Uhren, wie pro Jahr rund um den Schwanenplatz über die Ladentische gehen, könnte der Mann am Uhrmachertisch hinter der Fensterscheibe selbst dann nicht herstellen, wenn er ein methusalemisches Alter erreichte. Und auch wenn er es könnte, würde er es nicht wollen. Denn er liebt kleine, exklusive Stückzahlen.

Seele statt Marketingkern

Die Stiftstraße 4 ist eine erste Adresse für Uhrengourmets der dritten Evolutionsstufe. Die erste Stufe: Man wird vom Uhrenvirus infiziert, von dem viele Betroffene behaupten, er sei therapieresistent. Die zweite Stufe: Man stürzt sich auf die großen Namen und Marken der Branche. Auf jene also, die auch überwiegend am Schwanenplatz verlangt werden. Und schließlich die dritte Stufe: Der Sammler sucht nach Differenzierung, nach Erzeugnissen mit inneren Werten, nach Uhren, die gleichsam eine Seele haben – und nicht nur einen Marketingkern.

Der Mann, dem man manchmal durch das Schaufenster zuschauen kann, wie er – die Uhrmacherlupe vor einem Auge und feinste Werkzeuge in den ruhigen Händen – Zeitmesser der besonderen Art entstehen lässt, ist freilich schon in der vierten Evolutionsstufe angelangt: Zusammen mit seiner Frau baut er seit ein paar Jahren seine eigenen Uhren. Auf dem Zifferblatt, über dessen Besonderheit es noch einiges zu berichten gibt, steht „HESS“, und klein darunter „Luzern“.

In Deutschland dürfte diese sehr kleine, aber feine Marke nur wenigen Kennern bekannt sein. In den Schweizer Medien hingegen erzielen HESS-Uhren schon eine bemerkenswerte Präsenz. Das gilt vor allem auch für die beiden Personen, die hinter dieser

Marke stehen: Walter Hess und Ehefrau Judith Hess. Sie kamen vor mehreren Jahren auf die im ersten Moment recht verwegene Idee, eigene Uhren zu kreieren und zu fertigen. Brauchte die Schweiz – an Uhrenherstellern und Manufakturen unterschiedlicher Größe gewiss nicht arm – eine neue Mikro-Marke? Wer diese Frage seriös beantworten möchte, muss einiges wissen über das Ehepaar Hess.

„Jedes Detail muss stimmen"

Beide sind in Berufen tätig, in denen Menschen nicht unbedingt der Idee verfallen, eigene Luxusuhren in Kleinauflage anzufertigen. Walter Hess ist weit gereister Techniker und Fabrikationsleiter, seine Frau Judith Hess hat eine medizinisch-technische Ausbildung und ist als Sozialarbeiterin tätig. Uhrenschöpfer sind beide nach wie vor im Nebenjob, doch dank der anfänglichen Erfolge ihrer kleinen Marke gewinnt ihre unternehmerische Tätigkeit immer mehr an Bedeutung. Beide vereint eine ausgeprägte Affinität zur Kunst und viel Sinn für Ästhetik. Walter Hess hat es ziemlich früh erwischt: Schon in seiner Jugendzeit wurde er vom Uhrenvirus befallen, und da es sich hierbei um eine ansteckende Leidenschaft handelt, infizierte er später auch seine Frau. Obwohl beide so manche Modelle der großen Marken zu ihren Favoriten zählen, waren sie von keinem Zeitmesser so richtig begeistert.

Grundsätzlich lassen sich zwei Spezies von Uhrenfreunden unterscheiden: Die einen interessieren sich ausschließlich für das Werk und dessen feinmechanische Raffinessen. Ein Manufakturwerk muss es sein, edel dekoriert. Die anderen wiederum achten mehr auf die Optik und den Wiedererkennungswert. Wenn der Kollege die Uhr sofort erkennt und ihren Preis taxieren kann, ist ihnen das mehr wert als das komplizierteste Manufakturwerk. Und dann gibt es da noch Menschen wie Walter und Judith Hess, die auf ein qualitativ hochwertiges, aufwendig verziertes Werk und gleichzeitig auf ein ganz individuelles Design von subtiler Raffinesse achten. Anders ausgedrückt: Sie setzen auf Zeitmesser, die zur Abendgarderobe passen.

Sieben Jahre (Frei-)Zeit investierte das Ehepaar in die Entwicklung seiner ersten Uhren. Nichts wurde dem Zufall überlassen. „Jedes Detail muss stimmen", sagt Walter Hess. Und zu diesen Details gehört zum Beispiel der filigrane Sekundenzeiger, den kein Schweizer Hersteller in seinem Sortiment hatte. „Ich wollte einen Zeiger, der schmaler ist als die üblichen Zeiger", erinnert sich Walter Hess. Ein Traditionshersteller aus dem Jura hat diese Herausforderung schließlich angenommen und nach Hess' Vorgaben den bisher schmalsten Sekundenzeiger, der jemals hergestellt wurde, produziert. Die Suche nach Lieferanten ist für die kleine Marke durchweg anspruchsvoll. „Wir brauchen Lieferanten, die bereit sind, auch Kleinserien zu fertigen und auf unsere Wünsche einzugehen", betont Judith Hess.

Zifferblatt aus Diamantenstaub

Offenkundig war die Suche erfolgreich, denn im Jahr 2010 wurden die ersten 25 HESS-Automatikuhren in der Luzerner Galerie „Vitrine“ einem Uhren-affinen Publikum vorgestellt. Die Kollektion nimmt sich noch überschaubar aus. Die TWO.1 ist eine Zeitzonenuhr mit Großdatum und Rotgoldziffern. Sie ist mit schwarzem oder braunem Zifferblatt erhältlich. Später folgte die klassische TWO.2, eine Uhr mit sehr reduziertem Zifferblatt. Obwohl bei diesem Zeitmesser der Begriff „Zifferblatt“ eigentlich fehl am Platze ist, denn auf das Blatt werden nur Rotgoldindizes in Form von Punkten appliziert, Ziffern zur Zeitanzeige sucht man vergeblich. Lediglich eine dezente Datumsanzeige ist bei 3-Uhr zu finden. Die HESS-Philosophie der Reduktion auf das Wesentliche – bei der TWO.2 kommt sie in besonderer Weise zum Ausdruck. Beide Uhren kosten umgerechnet jeweils rund 8.000 Euro.

Im Inneren der Uhren ticken ETA-Automatikwerke, die man jedoch aufwendig veredelt und nach eingehenden Kontrollen in dichtungsstarke Monocoque-Gehäuse einbaut. So werden die Werke perliert, mit Genfer Streifen verziert und rhodiniert (TWO.1) beziehungsweise rotvergoldet (TWO.2). Um die Lebensdauer der tickenden Preziosen zu erhöhen, wird den Uhren am Ende des Herstellungsprozesses der Sauerstoff entzogen. Anschließend werden sie mit dem Edelgas Argon gefüllt. Das verlängere die Lebensdauer einer mechanischen Uhr, weiß Walter Hess.

Da man sich bekanntlich das Beste bis zum Schluss aufheben soll, kommen wir erst an dieser Stelle zu den Zifferblättern. Diese werden speziell behandelt (wie, das bleibt ein Geheimnis des Hauses), sodass sie das Licht absorbieren. Dadurch ergeben sich beeindruckende visuelle Effekte. „Das Zifferblatt passt sich subtil der Umgebung an. Ein wunderschöner und immer wieder überraschender Effekt. Außerdem wird dadurch die Dualität von Matt und Glanz verstärkt – das samtene Zifferblatt im Kontrast zu den rotgoldenen Indizes und Zeigern", schwärmt Judith Hess, die zwischenzeitlich allerdings bereits einen neuen Favoriten ausgemacht hat: ein Manufaktur-Zifferblatt aus Diamantenstaub („Diamond Dust"), das aufgrund der facettenreichen Lichteffekte dem Träger der Uhr noch mehr magische Momente beschert. Ende März 2017 lancierte Hess unter den strahlenden Augen vieler begeisterter Fans der Marke das neue Diamantstaub-Zifferblatt. „Dieses Manufaktur-Zifferblatt herzustellen, ist unfassbar aufwendig. Es handelt sich um eine echte Innovation unseres Partners Cador", freut sich Judith Hess.

Lehmann-Chronometer mit Zeigerdatum

Lehmann-Uhren: Junge Luxusmarke aus Schramberg

Es dürfte die jüngste Marke unter den deutschen Luxusuhren-Herstellern sein. Und ihren Sitz hat sie nicht in Glashütte, sondern in Schramberg im Schwarzwald, einem Städtchen mit großer Uhrmachertradition. Junghans hat dort seinen Sitz – und seit 2011 auch die Manufaktur Lehmann. Der uhrenbegeisterte Unternehmer Markus Lehmann erfüllte sich damit einen Lebenstraum. Wir haben uns vor Ort umgesehen und sprachen mit dem Inhaber.

Wenn einem jungen Uhrenhersteller noch ein zugkräftiger Markenname fehlt, gibt es in der Regel zwei Möglichkeiten: Entweder man entscheidet sich für einen französisch klingenden Phantasienamen oder man kauft auf dem Markenfriedhof einen alten Namen, der sich reanimieren lässt und den Verbrauchern somit eine Tradition vorgaukelt, die es eigentlich gar nicht gibt. Als der Schwarzwälder Unternehmer Markus Lehmann im Herbst 2011 eine neue Uhrenmanufaktur aus der Taufe hob, hätte er sich für eine dieser Strategien entscheiden können. Doch schon in einem frühen Stadium war ihm klar: Wo „Lehmann" drin ist, soll auch „Lehmann" draufstehen. Und somit schmückt seither der Nachname des uhrenbegeisterten Unternehmers die außergewöhnlichen Zeitmesser aus Schramberg. „Ich stehe mit meinem Namen für unsere Produkte. Und unsere anspruchsvollen Kunden schätzen das. Sie wissen: Es gibt einen Herrn Lehmann", sagt der Schwarzwälder.

Uhren aus Schramberg? Wer die Branche ein wenig kennt, der denkt bei dem Namen dieses kleinen Städtchens sofort an Junghans – einst der größte Uhrenproduzent der Welt, der vor wenigen Jahren beinahe vom Markt verschwunden wäre. Mit Junghans hat die Firma „Lehmann Präzisionsuhren" zwar nichts zu tun. Aber dennoch gibt es einen Berührungspunkt: Die noch junge Manufaktur hat ihren Sitz in einem alten, denkmalgeschützten Gründerzeitgebäude in bester Halbhöhenlage mit traumhaftem Blick auf das Städtchen Schramberg und den Schwarzwald. Gut Berneck heißt diese Top-Immobilie mit edelster Ausstattung. Arthur Junghans ließ sie 1911 errichten und wohnte dort viele Jahre. Durch die Fenster seines Büros blickte er auf die Produktionsstätten seines kleinen Uhren-Imperiums auf der anderen Seite der Stadt.

PRÄZISION ALS KERNKOMPETENZ

Bei Lehmann tickt man ein wenig anders. Nicht nur, wenn es um den Markennamen geht. „Andere investieren hohe Summen in Testimonials wie George Clooney, wir investieren in Präzision." Da ist es, das Stichwort, das sich wie ein roter Faden durch die Unternehmensphilosophie von Markus Lehmann zieht. Um das zu verstehen, muss man von Schramberg aus ein paar Kilometer weiter in die Gemeinde Hardt fahren. Dort hat die Firma „Lehmann Präzision GmbH" ihren Sitz. Sie liefert auch das wirtschaftliche Rückgrat für die Uhrenmanufaktur. Wenn Markus Lehmann über die Kernkompetenzen seines Unternehmens berichtet, dann schwärmt er zum Beispiel von luftgelagerten Hochfrequenzspindeln, von extremer Präzision im Tausendstel-Millimeter-Bereich sowie von den vielen anspruchsvollen Lösungen, die seine Firma für die Luft- und Raumfahrt, die optische Industrie und natürlich für die Uhrenbranche liefert. Seine Ultrapräzisionsmaschinen stehen bei den führenden Uhrenherstellern in der Schweiz. Die bekanntesten und größten Marken zählen zu Lehmanns Kunden. Er nennt zwar keine Namen, aber es bedarf gewiss keiner vertieften Branchenkenntnisse, um zu erahnen, wer gemeint ist.

Markus Lehmann ist alles andere als ein Newcomer in der oftmals sehr selbstgefälligen und verschlossenen Uhrenbranche. Er arbeitete unter anderem bei IWC unter der Ägide des legendären und leider viel zu früh verstorbenen Konstrukteurs Günter Blümlein. Später war er für Ronda tätig, einen Schweizer Hersteller von Quarz-Uhrwerken. Dort stieg er zu einem der Geschäftsführer auf. Im Jahr 1998 erwarb er dann von seinem Vater die Firma „Lehmann Präzision".

Vorhang auf für die neuen Modelle

„Ich hatte schon immer den Traum, eigene Uhren herzustellen. Ab dem Jahr 2009 wurde dieser Traum dann Stück für Stück Realität", erinnert sich Lehmann. Zunächst habe er nur nach Feierabend getüftelt, später ein kleines, aber leidenschaftliches

Team zusammengestellt und die ersten Muster gefertigt. Als es darum ging, die Basiswerke für die neuen Uhren zu entwickeln, sicherte sich Lehmann die Expertise des Konstrukteurs Andreas Strehler und der Manufacture Horlogère de la Vallée de Joux (MHVJ). Im Oktober 2011 hieß es dann „Vorhang auf" für die ersten Modelle aus der Schramberger Manufaktur. Es traten auf: eine eher dezente Dreizeigeruhr mit Fensterdatum, eine Uhr mit Zeigerdatum, ein Modell mit kleiner Komplikation (Gangreserve) und in der Paraderolle ein Tourbillon mit dezentriertem Zeigerwerk. Alle Modelle tragen den Namen Intemporal und sind mit anthrazitfarbenen, blauen und weißen Zifferblättern erhältlich. Im Inneren ticken die Automatikkaliber LS0003/0004. Was den Rädersatz angeht, greift man bei Lehmann auf das bewährte ETA-Kaliber 2892 zurück, doch das ist bei einem Blick durch den Saphirglasboden kaum wiederzuerkennen. Die Werke werden mit vielen Lehmann-spezifischen Komponenten aufbereitet. Allein in die gravierte Werkbrücke investiert die Manufaktur nicht weniger als 25 Bearbeitungsschritte. Inzwischen gibt es von der Manufaktur Lehmann auch eine Modelllinie speziell für Frauen. Auf der BASELWORLD 2017 stellte Lehmann überdies seine neuen Keramikmodelle vor („Intemporal Keramik").

Für das Grundmodell muss der Uhrenfreund schon eine höhere vierstellige Summe investieren, das Tourbillon mit rotgoldenem Gehäuse sollte dem Käufer rund 90.000 Euro wert sein. Für das Tourbillon mit Platingehäuse wird dann schon ein sechsstelliger Betrag fällig. Keine Frage, es handelt sich um „Investment-Uhren", also um Preziosen, die nicht nur die Zeit anzeigen, sondern wahre Werte repräsentieren. Nicht von ungefähr warb Lehmann eine Zeit lang augenzwinkernd mit dem Slogan: „Hier eine der letzten Investitionsmöglichkeiten vor der Schweizer Grenze".

Da erscheint die Frage berechtigt, ob sich das Investment in eine so junge Marke unter Kapitalanlage-Aspekten wirklich lohnt. Tatsächlich ist die spektakuläre Preisentwicklung bei Uhren von Rolex und Patek Philippe nicht zuletzt den starken Marken geschuldet. Überall auf der Welt steht zum Beispiel der Markenname Rolex synonym für teure Luxusuhren. Aber wer kennt in New York, Rom, Moskau und Hongkong schon die Marke Lehmann? Vor allem in den USA könnten zudem negative Erinnerungen an Lehman Brother's geweckt werden. Obwohl die Marke noch weitgehend unbekannt ist, konnte die Manufaktur allerdings im Fernen Osten schon mehrere Modelle verkaufen. „Qualität spricht sich eben herum", freut sich Markus Lehmann.

Mit einem zugkräftigen Markennamen kann Lehmann noch nicht punkten, auch nicht mit einer langen Historie wie zum Beispiel Lange & Söhne oder Vacheron Constantin. Deshalb setzt man im Hause Lehmann auf extreme Präzision und eine bisweilen schon obsessiv anmutende Liebe zum Detail. In dieser Hinsicht sind die Zeitmesser aus der Manufaktur Lehmann vielen bekannten Luxusmarken aus der Schweiz und Glashütte überlegen. „Ich liebe die Herausforderung, sehr viel Handarbeit in unsere Uhren zu stecken. Ich liebe die edlen Materialien, die wir verwenden, und das harmonische Design", schwärmt Markus Lehmann.

Dazu gehört für ihn die perfekte Gravur. Die Brücken sind mit Lehmann-Ornamenten verziert, die mit einer selbst entwickelten

Ultrapräzisionsfräsmaschine hergestellt werden, deren Genauigkeit und Maßhaltigkeit nach Unternehmensangaben einzigartig sind auf der Welt. „Eine perfektere Gravur finden Sie nirgends", gibt sich Lehmann selbstbewusst.

WERTHALTIGKEIT DURCH FERTIGUNGSTIEFE

Die Manufaktur stellt die Grundplatine, die Federhausbrücke, die Räderwerksbrücke und den Unruhekloben selbst her. „Dabei fließt natürlich das gesamte Know-how unseres Stammwerks ein", betont Lehmann. „Denn die ultrapräzise Bearbeitung von Werkstücken im Tausendstel-Millimeter-Bereich ist unser Metier." Davon sollen die Liebhaber komplizierter Uhren profitieren. Damit der stolze Eigentümer einer Lehmann-Uhr den vollen Blick auf das hochwertig aufbereitete und dekorierte Werk genießen kann und keine Schwungmasse den Durchblick stört, erhalten die Zeitmesser von Lehmann einen Saphirkristallglas-Rotor, patentiert von Vianney Halter. Das Rotoraufzugsgewicht mit seinen schönen Linienmustern und dem reliefartigen Lehmann-Schriftzug wird ebenfalls inhouse angefertigt. Erwähnenswert ist ferner die versenkbare Aufzugskrone. Damit nicht genug: Auch Zifferblätter, Zeiger und Stundenindexe kommen aus der eigenen Manufaktur. „Das alles können Sie in Fernost für ein paar Euro einkaufen. Wir tun das nicht. Und das macht unsere Marke besonders werthaltig", versichert Lehmann. Und um dem Ganzen die Krone aufzusetzen, unterhält die Firma eine eigene Galvanik-Abteilung. Alle Lehmann-Uhren werden darüber hinaus auf der Wempe-Sternwarte in Glashütte einer Chronometerprüfung unterzogen.

Unser Fazit: Aufgrund der geringen Markenbekanntheit zählt Lehmann derzeit sicher noch zu den „Nebenwerten" unter den Investmentuhren. Angesichts der großen Fertigungstiefe aber erscheinen die Preise – vor allem für die Edelstahlmodelle – noch vertretbar. Ein extrem präzises Schmuckstück, in dem sehr viel uhrmacherische Leidenschaft steckt, erwirbt man auf jeden Fall.

Eine klassische Stowa-Fliegeruhr, Baureihe B

Stowa: Uhren-Tradition aus dem Schwarzwald

Es ist nicht überliefert, welche Uhr der frühere Bundeswirtschaftsminister und spätere Bundeskanzler Ludwig Erhard trug. Fest steht immerhin, dass sich der „Vater des deutschen Wirtschaftswunders" für die Schwarzwälder Qualitätsmarke Stowa interessierte. So gibt es Fotos, auf denen Ludwig Erhard zu sehen ist, wie er sich neugierig über eine Kollektion von Stowa-Uhren beugt, die auf der Hannover Messe ausgestellt wurde.

Der Unternehmensgründer hatte seinen Uhren den bis heute erhaltenen Markennamen gegeben. Stowa steht für **Sto**rz, **Wa**lter. Doch reüssierten diese Zeitmesser nicht erst in den deutschen Wirtschaftswunderjahren, obgleich der Hersteller in dieser Zeit mit zahlreichen viel beachteten Innovationen überraschte. So präsentierte Stowa 1970 zum Beispiel den kleinsten Wecker der Welt.

Walter Storz war Unternehmer und Uhrmachermeister – und beides mit unglaublicher Passion. Dies dürfte vermutlich der Schlüssel seines Erfolgs gewesen sein. Die Branche war Walter Storz durchaus bekannt, als sich der damals 21-Jährige 1927 in den Räumen seines Großvaters in Hornberg (Kinzigtal) selbstständig machte. Schließlich stellte sein Opa schon seit vielen Jahren Großuhren her. Walter Storz baute in den Folgejahren systematisch gute Kontakte zur Schweizer Uhrenindustrie auf. Vor allem mit Paul Tissot unterhielt er freundschaftliche Kontakte. In den 1930er-Jahren eröffnete Storz seine neue Produktionsstätte in Pforzheim, damals das Zentrum der Deutschen Uhrmacher- und Goldschmiedekunst. Taschen- und Armbanduhren von hoher Qualität zu fairen Preisen herzustellen – das war das Ziel von Stowa. Tatsächlich galten die Uhren aus dem Hause Stowa als sehr ganggenau und robust.

Wehrmacht als Großkunde

Schon bald gewann das Pforzheimer Unternehmen einen anspruchsvollen Großkunden: Die deutsche Wehrmacht orderte bei Walter Storz Flieger-, Marine- und Beobachtungs-(B-)Uhren. Stowa gehörte zu den wenigen Herstellern, die in den 1940er-Jahren die Wehrmacht mit Fliegeruhren beliefern durften. (Lesen Sie hierzu auch das Special „Fliegeruhren" im hinteren Teil dieses Buches.) Um den Vorgaben der Militärs gerecht zu werden, setzte Storz auf Schweizer Qualität und baute das Unitas-Werk 2812 ein. Stowa-Fliegeruhren mit diesem Werk sind heute gesuchte Raritäten und erzielen auf Auktionen Spitzenpreise.

Von der legendären Fliegeruhr abgesehen, ließ Storz vor allem Werke von Durowe („Deutsche Uhren-Roh-Werke") in seine Uhren einbauen. Durowe gehörte damals Ludwig Hummel, dem langjährigen Eigentümer des Storz-Konkurrenten Lacher & Co (Laco). Die konsequente Qualitätsorientierung der Firma Stowa wurde seinerzeit von der gesamten Branche anerkannt. So konstatierte die *Neue Uhrmacher-Zeitung* im Jahr 1956: „Langjährig bei Stowa tätige, gewissenhafte Fachleute und sorgfältig geschulter Nachwuchs bieten auch heute die Gewähr für beste Qualitätsarbeit."

Doch nicht nur die Ganggenauigkeit der Stowa-Uhren überzeugte viele Kunden im In- und Ausland, auch mit ihrem Design konnten sie punkten. Schon in den 1930er-Jahren präsentierte das Unternehmen mit einer Uhr im sogenannten Bauhaus-Stil einen Design-Klassiker, der bis heute unter dem Namen Antea von Stowa verkauft wird. Später stellte Stowa zudem Schmuck- und Quarzuhren her.

Es waren eben diese Quarzuhren und die billige Konkurrenz aus dem Fernen Osten, die dem Unternehmen, das ab den 1960er-Jahren von Werner Storz, dem Sohn des Firmengründers, geleitet wurde, zunehmend Probleme bereiteten. Im Jahr 1971 bildete Stowa daher mit fünf anderen Pforzheimer Uhrenfabriken, die heute kaum noch bekannt sind, eine Kooperation gegen die problematische Marktlage infolge der Einführung der Quarzuhren.

Die Ära Jörg Schauer beginnt

So gelang es Werner Storz, das Unternehmen fortzuführen und 1996 an den gelernten Goldschmied Jörg Schauer zu verkaufen. Schauer, der neben Stowa eine Luxusuhrenmarke unter eigenem Namen anbietet, setzte nach der Übernahme des traditionsreichen Herstellers weiterhin konsequent auf mechanische Uhren im mittleren und gehobenen Preissegment. In Schauers neuem, 2009 eröffnetem Firmengebäude in Engelsbrand bei Pforzheim ließ der neue Eigentümer als Referenzerweis gegenüber der großen Traditionsmarke der deutschen Uhrenbranche ein viel beachtetes Stowa-Museum einrichten. Als die Marke Stowa 2017 ihr 90-jähriges Bestehen feierte, konnte Jörg Schauer mit Recht darauf verweisen, dass nur ganz wenige deutsche Uhrenhersteller auf eine so lange und ununterbrochene Geschichte zurückblicken können.

So überrascht es nicht, dass sich in der aktuellen Kollektion von Stowa die Geschichte der Marke widerspiegelt. Bei den Kunden beliebt sind vor allem die an ihre historischen Vorbilder gemahnenden Fliegeruhren. Stowa gehört zu den größten Fliegeruhrenherstellern und baut seit 1997 wieder seine charakteristischen Uhren in verschiedensten Ausführungen – entweder klassisch mit Handaufzugswerk oder aber als Automatikuhr und sogar als Chronograph. Die Fliegeruhren gibt es als Baumuster A und B (siehe Kapitel „Fliegeruhren") und in verschiedenen Gehäusegrößen (36 bis 43 Millimeter). Im Jahr 2015 brachte Stowa die

Fliegeruhren „Klassik Sport“ auf den Markt. Sie sind allesamt mit dem robusten ETA-Automatikkaliber 2824-2 ausgestattet, das in einem 43-Millimeter-Gehäuse seine Arbeit verrichtet.

Neben dem Frankfurt Uhrenhersteller Sinn produziert aktuell nur Stowa Fliegeruhren nach dem neuen Testaf-Standard. Dieser stellt hohe Anforderungen an die Funktionalität, die Widerstandsfähigkeit gegen äußere Belastungen und die Sicherheit sowie Kompatibilität der Fliegeruhr. Stowa bietet seine Fliegeruhren Testaf TO1 und Flieger TO2 mit diesem Standard an.

Wie erwähnt, befindet sich auch der Bauhaus-Design-Klassiker von Stowa nach wie vor in der Kollektion. Unter der Bezeichnung „Antea back to Bauhaus“ ließ Jörg Schauer die klassische Antea modernisieren. Die neue Antea-Linie entstand in Zusammenarbeit mit dem bekannten Designer Hartmut Esslinger. Er verwendete eine Schrift, die ihren Ursprung in der Zeit des Bauhauses hat. „Die Uhr wirkt dadurch frischer und moderner“, freut sich Jörg Schauer.

Bei den Freunden der Marke begehrt sind darüber hinaus die an die klassischen Beobachtungs- oder Deckuhren angelehnten Marine-Zeitmesser. Sie sind mit Handaufzug (mit der klassischen Kleinen Sekunde bei 6-Uhr) und mit Automatikwerk sowie als Chronographen erhältlich.

RANA – TOPMODELL MIT DETAILS AUS GLASHÜTTE

Klassische sportliche Chronographen, das Modell Partitio mit der charakteristischen feinen Zifferblattskalierung sowie die robusten Sportuhren (Seatime, Prodiver und die Black Forest Limited mit ihrer Dynadots Lünette) komplettieren die Stowa-Kollektion. Etwas aus dem Rahmen fällt schließlich die Modellreihe Rana, von der Jörg Schauer sagt, sie sei die aufwendigste Uhr, die Stowa je gebaut habe. Auch sie entstand in Zusammenarbeit mit Hartmut Esslinger.und verfügt über eine Chronometerprüfung. Wer sich auskennt und einen Blick ins Werk wirft (ETA 2824-2), entdeckt dort ein Detail „Made in Glashütte": die von Mühle/Nautische Instrumente entwickelte Spechthalsfeinregulierung – eine verbesserte Variante der bekannten Schwanenhaltsfeinregulierung. Die Rana-Modelle fallen auch preislich etwas aus dem Rahmen der Stowa-Kollektion. Wer sich für eine solche Uhr entscheidet, muss zwischen 3.800 und 4.400 Euro zahlen. Die übrigen Stowa-Edelstahluhren bekommt man teilweise schon für deutlich unter 1.000 Euro, die meisten Zeitmesser der Schwarzwald-Marke liegen preislich zwischen 1.000 und 2.000 Euro.

Der „Duograph Chrono PRanda“ von Guinand
mit der seltenen senkrechten Anordnung der Totalisatoren.

Guinand-Uhren: Die Alternative aus Frankfurt

Im Frühjahr 2014 erhielten die Kunden und Freunde der Frankfurter Uhrenmarke Guinand unerfreuliche Post. Horst Häßler, Geschäftsführer der Guinand-Uhren Helmut Sinn GmbH, teilte mit, dass schon wenige Wochen später das Unternehmen seinen Geschäftsbetrieb einstellen müsse. Grund: Den Gesellschaftern, die sich aus Altersgründen zurückziehen möchten, sei es nicht gelungen, einen geeigneten Nachfolger zu finden.

Sofort erschienen in den einschlägigen Internet-Uhrenforen wahre Nekrologe auf die Frankfurter Firma. Warum diese Anteilnahme am letztlich absehbaren Ende einer Marke, die bis dahin nur wenigen Uhrenkennern bekannt war? Viele, die eher kursorisch die Entwicklung der Branche verfolgen und denen nur die Firma Sinn Spezialuhren einfällt, wenn sie an Zeitmesser aus Frankfurt denken, dürften von Guinand kaum etwas gehört haben. Doch dann gab und gibt es einen regelrechten Fanclub, der sich im Internet aktiv austauscht und schon mal eine weite Anfahrt in die Main-Metropole in Kauf nimmt, um die neuesten Guinand-Uhren zu begutachten. Was macht diese Marke für manche Uhrenfreunde so attraktiv? Zum einen kann das ursprünglich Schweizer Unternehmen auf eine lange Tradition verweisen. Guinand wurde 1865 in Les Brennets gegründet. Es genoss zwar nie den strahlenden Nimbus wie andere eidgenössische Uhrenhersteller – das Familienunternehmen verfügte nicht einmal ansatzweise über solche Marketingbudgets wie die mächtigen Konkurrenten –, trotzdem wurden die Chronographen von Guinand von Kennern stets sehr geschätzt.

Die Ära Sinn bei Guinand

Schon frühzeitig zählte der Frankfurter Helmut Sinn zu den Kunden des Schweizer Herstellers. Der leidenschaftliche Pilot und Abenteurer war damals noch Inhaber des seinen Namen tragenden Uhrenherstellers und ließ jahrelang seine Zeitmesser bei Guinand produzieren. Man kannte und schätzte sich.

In den 1990er-Jahren verkaufte Sinn seine damalige Firma an seinen Angestellten Lothar Schmidt. Über die Umstände der Transaktion kursieren heute noch unterschiedliche Versionen. Wie dem auch sei, jedenfalls wurde dem Frankfurter trotz seines fortgeschrittenen Alters bald langweilig. Deshalb erwarb er zur Freude seiner Fans die Firma Guinand. Die Medien feierten den eigenwilligen Sinn als „ältesten Jungunternehmer Deutschlands". Als solcher sorgte er gleich wieder für Aufsehen in der Uhrenbranche. Mit der Guinand Weltzeituhr (WZU) gelang ihm eine in der Fachwelt viel beachtete Armbanduhr, die neben der Lokalzeit auf kleinen Hilfszifferblättern auch die Zeit in vier vom Träger ausgesuchten Regionen anzeigt. Beim Kauf konnte der Uhrenfreund gleich die gewünschten Städtenamen unter die Hilfszifferblätter drucken lassen, also zum Beispiel New York, London, Moskau und Peking. Die Zeit ließ sich separat einstellen, anschließend wurden die Zeiger vom Hauptwerk HS 81 WZ (Basis Unitas 6497-1) angetrieben. Zu den bekanntesten Guinand-Uhren gehört darüber hinaus der fast schon legendäre Flying Officer.

Dennoch: Es hätte nicht viel gefehlt und Guinand wäre Ende des Jahres 2014 auf dem Markenfriedhof gelandet. Obwohl Helmut Sinn an seinem 100. Geburtstag im Jahr 2016 noch Auto fuhr und sich sogar mit dem Gedanken trug, einen neuen Wagen zu kaufen, wollten er und sein Geschäftsführer Horst Häßler aussteigen. Erst in letzter Minute erfuhr der Frankfurter Elektroingenieur und Uhrenliebhaber Matthias Klüh vom geplanten Ende der traditionsreichen Uhrenmarke. Klüh war damals noch für einen US-amerikanischen Konzern tätig, hatte früher aber schon für die Firma Sinn Spezialuhren gearbeitet.

„Ich ließ über den ehemaligen Geschäftsführer bei den Gesellschaftern – also der Familie Sinn – anfragen, ob sie sich vorstellen könnten, mir die Marke Guinand zu verkaufen. Sie konnten". Und so wurde Matthias Klüh im Jahr 2015 neuer Inhaber von Guinand-Uhren. Die bei ihren Freunden so beliebte Marke war gerettet.

Sondermodell zum 100. Geburtstag von Helmut Sinn –
der Chronograph HS100

Rettung in letzter Minute

Doch dann fingen die Probleme erst an. Die ohnehin reichlich biederen Geschäftsräume im Frankfurter Schultheissenweg waren bereits gekündigt, auch die Mitarbeiter hatten schon ihre Entlassungsschreiben bekommen. „Die Maschinen waren ebenfalls schon weg", erinnert sich Klüh. „Aber immerhin konnten wir außer einer Anzahl Uhren große Mengen an Ersatzteilen und die Kundenkartei übernehmen." Guinand bezog neue Räume in einem kernsanierten Gebäude am Hausener Weg in Frankfurt, unterzog die Uhren einem vorsichtigen Facelifting und setzte fortan auf einen modernen Online-Vertrieb. Die Erfolgsmodelle, wie den Flying Officer mit seiner 24-Stunden-Anzeige, gibt es nach wie vor. Und auch die Preise blieben moderat. Klüh setzt also das Geschäftsprinzip von Helmut Sinn fort und achtet auf ein faires Preis-Leistungs-Verhältnis. Bei den Uhrwerken vertraut Klüh auf bewährte Schweizer Qualität, etwa auf das automatische Chronographenwerk Eta-Valjoux 7750 und das Unitas-Handaufzugskaliber.

Kaum hatte sich Guinand als „ältestes Start-up-Unternehmen" (Klüh) etabliert, wartete eine besondere Herausforderung auf das Frankfurter Unternehmen. Im Herbst 2016 feierte Helmut Sinn seinen 100. Geburtstag bei relativ guter Gesundheit. Obwohl er keine Anteile an Guinand mehr hält, ist er doch nach wie vor mit dieser Marke eng verbunden. Was also lag näher, als den 100. Geburtstag des Flug- und Uhrenpioniers mit einem auf 100 Stück limitierten Flieger-Chronographen zu würdigen? Er trug natürlich die Bezeichnung HS100 – HS steht für Helmut Sinn und 100 für den 100. Geburtstag. Als die Medien über diese Sonder-Edition berichteten, war die Uhr in wenigen Tagen ausverkauft. Nicht zuletzt wohl wegen des sehr günstigen Preises von 1.499 Euro. Wie zu hören ist, hat Helmut Sinn höchstselbst darauf bestanden, die Uhr zu seinem 100. Geburtstag zu einem Preis von höchstens 1.500 Euro anzubieten. In den Wochen nach Helmut Sinns Geburtstag war Guinand weitgehend mit der Produktion dieser Jubiläumsuhr beschäftigt. Die 100 Glücklichen, die sich diesen seltenen Flieger-Chronographen sichern konnten, mussten sich zum Teil viele Wochen gedulden, bis sie ihren HS100 ausgehändigt bekamen. Dafür besitzt diese Uhr aber sicher erhebliches Wertsteigerungspotenzial. Viele Sinn-Fans, die nicht zum Zuge kamen, sind bereit, Aufpreise zu zahlen, um sich diesen Zeitmesser zu sichern.

„Hergestellt in Deutschland"

Im Jahr 2017 brachte Guinand den Duograph-Chrono RPanda auf den Markt. Seine Anmutung entspricht dem klassischen Rennfahrer-Look der 1960er-Jahre, bei dem die Stoppzähler die entgegengesetzte Farbe zum Zifferblatt haben. Zwei Stoppzähler zusammen mit der zentralen Stoppsekunde ermöglichen Stoppzeitmessungen bis zu 12 Stunden. Auch dieses Modell ist zu einem vergleichsweise günstigen Preis von knapp 1.450 Euro (Stand 2017) zu haben. Zur Kollektion des Frankfurter Unternehmens gehören neben Flieger-Chronographen auch Sport-Chronographen, klassische Chronographen und Instrumentenuhren.

Ergänzt wird die Guinand-Kollektion von einer Taschenuhr: Das Modell G1996, eine Lépine ohne Sprungdeckel und Unitas-Werk, gibt es in Silber und vergoldet.

Während die Werke, wie erwähnt, aus der Schweiz kommen, bezieht Guinand die anderen Teile der Uhren aus Deutschland. Deshalb legt Matthias Klüh großen Wert auf den Hinweis „Hergestellt in Deutschland“. Selbstbewusst prangt auf dem Zifferblatt unter dem Guinand-Logo überdies der Hinweis auf die Herkunft der Zeitmesser: Frankfurt am Main. Helmut Sinn wird's freuen.

Die neue Automatik-Kollektion von Vertigo mit leichtem Retro-Look

VERTIGO: BERLINER UHREN FÜR MECHANIK-EINSTEIGER

Eine Uhr vor allem für junge Großstadtmenschen sollte es sein. Auf jeden Fall mechanisch und obendrein noch bezahlbar. Tobias Wiethoff hat diese Idee umgesetzt und die Marke Vertigo Berlin gegründet. Wer bei ihm einen Zeitmesser bestellt, kann dank eines raffinierten Konfigurators sein individuelles Uhrendesign komponieren. Ganz nach der Devise: „Dreh Dein Ding".

Für Zeitgenossen mit ausgeprägter Resistenz gegen das nicht nur in Europa grassierende Uhren-Virus mag es immer rätselhaft bleiben, dass ein Mensch mehrere Dutzend Armbanduhren besitzen kann – und noch dazu ständig auf der Suche nach weiteren Modellen ist. Man kann diese immunisierte Spezies aus Sicht eines Sammlers gleichzeitig beneiden und bedauern. Beneiden, weil sie mit ihrem konsequenten Verzicht auf Dauer viel Geld sparen. Bedauern, weil sie nie erfahren werden, welche Faszination der Uhren-Leidenschaft innewohnt.

Die Geschichten der passionierten Uhrenliebhaber klingen alle sehr ähnlich. Doch nimmt es mit ihnen oft ein ganz unterschiedliches Ende. Anfangs zeigte der gelernte Journalist Tobias Wiethoff nur eine mäßig ausgeprägte Symptomatik: Schon im jugendlichen Alter interessierte er sich für Uhren. Seine einfache Kienzle-Uhr liebte er zunächst über alles. Später schenkte ihm sein Vater, der selbst einen edlen IWC-Zeitmesser sein Eigen nannte, eine Certina-Uhr, von der Tobias Wiethoff heute noch begeistert ist. Doch bald schon nahm sein Uhren-Fieber einen progressiven Verlauf:

„Beinahe monatlich kam ein neuer Zeitmesser hinzu. Natürlich waren das nicht immer Uhren aus der gehobenen Preiskategorie. So etwas kann sich ja auf Dauer keiner leisten“, berichtet Wiethoff über die prägende Phase seines Sammler-Lebens.

In diesem Stadium gibt es drei Möglichkeiten. Entweder, es kommen ständig weitere Uhren hinzu, über die sich nach vielen Jahren dann die Erben freuen (oder auch nicht), oder aber der Sammler kehrt nach seiner Sturm-und Drang-Periode wieder zu einem pragmatischen Umgang mit seiner Leidenschaft zurück. Dritte Möglichkeit: Er setzt dem Ganzen die Krone auf und gründet seine eigene Uhrenmarke.

Tobias Wiethoff hat sich für die letztgenannte Variante entschieden: Vor einigen Jahren hob er die junge, frische Uhrenmarke Vertigo Berlin aus der Taufe. Unternehmer ist er sozusagen im Nebenerwerb. Nach wie vor ist Wiethoff nämlich hauptberuflich in der Medienbranche tätig. Wir treffen ihn in einem Café am Checkpoint Charlie und lassen uns seine Geschäftsidee erläutern.

Inspiriert vom Bauhaus-Stil

„Als Uhren-Liebhaber bin ich natürlich häufig in den einschlägigen Internetforen unterwegs“, berichtet der Jungunternehmer. Irgendwann reifte in ihm die Idee, eine eigene Uhrenmarke zu kreieren, die etwas anders sein sollte als die gängigen Angebote. Quarz-Uhren kamen für ihn nicht infrage. Es musste robuste Mechanik sein, aber zu bezahlbaren Preisen. Überflüssigen

Schnickschnack mag Wiethoff nicht. Er entschied sich für ein strenges Grunddesign, angelehnt an die Bauhaus-Prinzipien. „Es sollte eine mechanische, individuelle und preiswerte Uhr für Großstadtmenschen und so genannte Hipster werden." Eine Berliner Uhr also, die nicht arm macht, aber sexy ist.
Zunächst bot Wiethoff vier Grundmodelle mit verschiedenen Zifferblattfarben und ausschließlich matten Gehäusen an. Clubmaster nannte er seine Kreationen. Günstig waren die Uhren der ersten Stunde, aber noch nicht wirklich individuell. Das änderte sich, als der Berliner seinen Uhren-Konfigurator ins Netz stellte. Unter www.vertigo-die-uhr.de kann nun jeder seine ganz eigene Uhr zusammenstellen. Man hat die Wahl zwischen drei Gehäusevarianten (Stahl matt, poliert oder vergoldet), jeweils fünf verschiedenen Zifferblatt- und Zeigerfarben sowie zwischen drei Lederbändern in den Farben schwarz, hell und dunkel. Ist der Spieltrieb erst einmal geweckt, bastelt mancher schon mal über eine Stunde an ganz unterschiedlichen Varianten (inspiriert vom Claim: „Drei Dein Ding"). Hat sich der Kunde dann entschieden – was angesichts der Kombinationsmöglichkeiten gar nicht so einfach ist –, bestellt er seine Kreation und bekommt die Uhr in der Regel nach einer Woche zugeschickt.

Zusammengebaut werden die Clubmaster-Modelle in einer Uhrmacherwerkstatt in Berlin-Pankow. Wiethoff: „Wir lassen die Uhren nicht einfach im Ausland produzieren und unseren Markennamen aufdrucken." Die Zeitmesser aus der Hauptstadt sollen schon eine Berliner „Geburtsurkunde“ haben. Dennoch ist die Clubmaster vergleichsweise preiswert.

Anfangs wurden die Uhren von dem chinesischen Handaufzugswerk Hangzhou PTS 9312 angetrieben. „Wir haben die Herkunft der Werke offen und ehrlich kommuniziert. Und wir sind der Überzeugung, dass die Chinesen inzwischen eine gute Qualität liefern“, sagt Wiethoff. Dennoch: Wer ein Schweizer Werk vorzieht, konnte sich die Vertigo-Uhr von Anfang an auch mit dem Handaufzugskaliber ETA 6498-1 liefern lassen – gegen einen Aufpreis von 75 Euro.

Künftig soll die Modellreihe Clubmaster nur noch mit Schweizer Werken angeboten werden, zu einem immer noch vergleichsweise günstigen Preis von 395 Euro. In Kürze wird die Automatik-Uhr „Cirque“ die Angebotspalette von Vertigo Berlin ergänzen. Die neue Modellreihe mit leichten Retro-Anklängen und Art-Déco-Uhrendesign wird vom Automatik-Kaliber Seiko NH35 angetrieben und kostet 345 Euro.

Individueller Uhren-Konfigurator

Ihr günstiger Preis macht die Vertigo Berlin Clubmaster zu einem idealen Einstiegsmodell in die Welt mechanischer Uhren. Oder aber, sie ermöglicht Facettenreichtum. Einige Kunden hätten gleich mehrere Modelle in unterschiedlichen Farben bestellt. Manche Kunden beweisen bei der Zusammenstellung ihrer Clubmaster so viel Stil und Geschmack, dass Tobias Wiethoff oft

begeistert ist. Hat aber ein Kunde auch schon mal Mut zur Hässlichkeit bewiesen? Wiethoff denkt nach, schließlich sollte keine Clubmaster hässlich sein. Aber: „Rote Zeiger sind schon sehr speziell. Doch manche Kunden lieben sie.“ Und wenn später Zeiger oder Zifferblatt nicht mehr gefallen, kann man sie für einen überschaubaren Preis austauschen lassen.
Wiethoff ist vom Potenzial seiner Marke überzeugt. Nach entsprechender Pressearbeit hat er im ersten Jahr schon rund 200 Uhren verkauft. Allesamt an Hipster? „Nein, die Kunden kommen inzwischen aus allen Altersgruppen.“ Das Wachstum des kleinen Unternehmens ist einstweilen noch auf geradezu natürliche Weise begrenzt – ein Unternehmer im Nebenerwerb und ein Uhrmacher in Pankow können keine Riesen-Stückzahlen realisieren. Aber vielleicht findet Wiethoff doch noch den Dreh.

Immerhin steht der Name Vertigo schon heute für eine Innovation, die längst Eingang in die Fachliteratur gefunden hat. Kein Geringerer als Alfred Hitchcock war es, der in seinem Filmklassiker Vertigo aus dem Jahr 1958 erstmals den gleichnamigen Aufnahme-Effekt einsetzen. Die Kombination von Zoom und Kamerafahrt lässt beim Zuschauer den Eindruck von Drehschwindel entstehen. Seither heißt diese optische Täuschung „Vertigo-Effekt“. Wer allerdings die Zeiger einer Vertigo Clubmaster verfolgt, die ganz gemächlich ihre Kreise ziehen, hat ähnliche Symptome nicht zu befürchten.

Das Modell Crossing von Alexander Shorokhoff

Alexander Shorokhoff: Kunst für's Handgelenk

Im Jahr 2017 feierte die Manufaktur Alexander Shorokhoff in Alzenau bei Aschaffenburg Jubiläum: Seit einem Vierteljahrhundert bietet das Unternehmen hochwertige Zeitmesser in außergewöhnlichem Design und aufwendig verzierten Werken an. Alexander Shorokhoff hat seine Nische auf dem Markt für Luxusuhren gefunden. Mit einer Reihe neuer Modelle festigte die Manufaktur Alexander Shorokhoff in den vergangenen Jahren ihren Ruf als hochwertige Uhrenmarke. „Art on the Wrist", also Kunst für's Handgelenk, ist dabei die Devise des Unternehmens.

Es gibt ein Video auf der Internetseite der Alzenauer Uhrenmanufaktur Alexander Shorokhoff, das zeigt den Inhaber und Spiritus Rector des Unternehmens über einem Skizzenblock – das Kinn auf die linke Hand gestützt, in der rechten ein Bleistift. Alexander Shorokhov, der sich im Gegensatz zu seiner Marke mit „v" am Ende schreibt, schaut gedankenversunken zu einem imaginären Punkt. Ganz so, als blickte er für einen Moment in die Vergangenheit und bezöge von dort seine Inspirationen. Dann zeichnet er mit flüchtigem Lächeln das Zifferblatt einer ganz besonderen Uhr. Eine Uhr, die einige Monate später für den German Design Award 2015 nominiert werden sollte. „Babylonian" heißt dieses Modell, das seither eines der Highlights in der Kollektion „Avantgarde" von Alexander Shorokhoff darstellt.

„Geschichte fasziniert mich. Ich lasse mich von ihr inspirieren. Babylon war die größte und mächtigste Stadt des Altertums. Ihr Reichtum zog die bedeutendsten Wissenschaftler, Künstler und

Handwerker ihrer Zeit an. Nur wenige wissen, dass dort die Sternbilder entdeckt, die Tierkreiszeichen erfunden und die ersten Horoskope erstellt wurden", berichtet Alexander Shorokhov über die Quelle seiner Inspiration.

Der Mikrokosmos für's Handgelenk

Herausgekommen ist ein in der Tat avantgardistischer Zeitmesser, auf dessen Zifferblatt der faszinierte Betrachter einen ganzen Kosmos mit Himmelskörpern und Tierkreiszeichen entdeckt. Die Horizontalachse stellt ein Wellenornament dar und steht symbolhaft für Wasser sowie die Flüsse Euphrat und Tigris. Sonne und Mond zieren das Zifferblatt ebenso wie ein blau-violett schimmernder Perlmuttring mit den zwölf Tierkreiszeichen. Auf einem tiefer liegenden nachtblauen Band erscheinen Sterne. Und dort, wo bei anderen Uhren mit arabischen Ziffern die 12 prangt, erscheint – wie bei allen Modellen der „Avantgarde"-Kollektion – unübersehbar die 60. Es kommt im Leben bekanntlich öfter auf Minuten als auf Stunden an.
Angetrieben wird die auf 500 Stück limitierte „Babylonian" von dem im Ursprung russischen Handaufzugswerk AS.2609, das von Alexander Shorokhoff stark überarbeitet wird und sich durch eine hohe Präzision auszeichnet. Alle Teile des Uhrwerks sind handgraviert, die Räder poliert und die Schrauben gebläut. Feinmechanik vom Feinsten.

Beflügelt von diesem Erfolg, lancierte die Manufaktur im Norden Bayerns 2015 die „Babylonian II". „Was die Gravuren angeht, haben wir bei diesem Modell noch einmal zugelegt", berichtet Shorokhov. „Die Platine des Werkes und der äußere Ring des Zifferblatts werden in einem hochkomplizierten Verfahren per Hand filigran ausgearbeitet und dekorativ gestaltet. Die Teile werden bei diesem Modell rhodiniert und nicht – wie bei der ersten ‚Babylonian' – vergoldet". Zusammen mit dem Stundenring aus dunkelblauem Perlmutt, den gebläuten Zeigern und der Stundenmarkierung entsteht ein Bild, das den Reichtum und die Schönheit vom frühen Babylon symbolisieren soll. Das aufwendig verzierte und gravierte Handaufzugskaliber, das durch ein Saphirglas auf der Rückseite der Uhr zu bewundern ist, wird umrahmt von einem blauen Ring mit den Tierkreiszeichen. Die „Babylonian II" ist auf 300 Stück limitiert.

Barbara Dennerlein als Marken-Botschafterin

Im Herbst 2015 lancierte Alexander Shorokhoff ein weiteres Highlight, dessen Geschichte es zu erzählen gilt. Vor einiger Zeit nahm die bekannte Jazzmusikerin Barbara Dennerlein Kontakt mit der Uhrenmanufaktur Shorokhoff auf und bekundete starkes Interesse am Modell „Miss Avantgarde", das ebenfalls auf 500 Stück limitiert ist. Seither trägt die Künstlerin nicht nur diesen Zeitmesser für kreative Individualisten, sie ist darüber hinaus Markenbotschafterin von Alexander Shorokhoff. Allerdings dürfte sie die Uhr wohl ab und zu wechseln, denn inzwischen kam das nach ihr benannte Modell „Barbara“ auf den Markt, das nicht nur den Vornamen der Künstlerin trägt, sondern auch ein Reverenzerweis an die Musikerin ist. „Die avantgardistische Musik von Barbara hat mich in ihren Bann gezogen. Ich habe daher eine Uhr kreiert mit 3-D-Zifferblatt und Orgeltasten, die einen Notenschlüssel umringen, der auf einem farbig-lebendigen Hintergrund den Rahmen zu sprengen scheint“, beschreibt Shorokhov dieses auf 169 Stück limitierte Modell aus der Avantgarde-Kollektion.

Die Modelle der „Avantgarde“-Kollektion werden ausschließlich über Juweliere und Fachhändler in mittlerweile 40 Ländern vertrieben. Und dabei soll es nach Ansicht von Shorokhov auch bleiben: „Wir sind beständige und faire Partner.“ Dennoch will er die Chancen nutzen, die ein Direktvertrieb über das Internet bietet. Hierfür wurde vor einiger Zeit die Kollektion „Vintage“ ins Leben gerufen. Dieser Name bezieht sich weniger auf das Design, das durchaus auch ein wenig avantgardistisch anmutet, als vielmehr auf die Werke. In den „Vintage“-Uhren ticken russische oder schweizerische Vintage-Werke, die seit Jahren nicht mehr produziert werden. Die Werke werden aufbereitet, um den höchsten Qualitätsansprüchen zu entsprechen. „Mit dieser Kollektion wollen wir dem Uhrenfreund ein Produkt mit außergewöhnlichem Design und guter Qualität zu einem sehr attraktiven Preis bieten“, sagt Shorokhov.

NEUE MODELLE ZUM 25-JÄHRIGEN JUBILÄUM

Zum Jubiläum überraschte die Manufaktur mit einer neuen Uhr aus der Modellreihe „Avantgarde". Dabei ging es Shorokov nicht nur um neue Züge im Uhrendesign, vielmehr sollte das Modell „Crossing" (siehe Bild) auch mit einer uhrmacherischen Raffinesse glänzen. Dank des Uhrwerks Jumping Hour von Dubois Depraz wird die Stunde in einem großen Fenster bei 12-Uhr mit einer Ziffer angezeigt. Ist eine Stunde vergangen, springt die Stundenanzeige weiter – daher die Bezeichnung „Springende Stunde". Die Minuten werden in einem Minutenring im oberen Teil des Zifferblatts angezeigt, die Sekunden auf einem kleineren Hilfszifferblatt unten bei 6-Uhr. Die dünnen, feinen Linien des Minutenrings, die sich immer paarweise überkreuzen, geben der Uhr ihren Namen: „Crossing". Sie erschien in vier Zifferblattfarben, jeweils auf 25 Stück limitiert, und kostet 3.795 Euro.

Das Alexander Shorokhoff-Modell „Kandy" wiederum wurde dem berühmtesten russischen Avantgardisten Wassily Kandinsky gewidmet. Er besaß eine außergewöhnliche bildnerische Intelligenz und hatte ein ausgeprägtes Empfinden für Farbe und Form. Beides kommt in dieser Uhr zum Ausdruck. Die Zifferblätter sind quadratisch und dreidimensional guillochiert. Auf der Rückseite des Gehäuses werden vier runde Gläser in Rot, Blau und Gelb eingebaut. Diese stellen die wichtigsten Farben in der Avantgarde-Kunst dar. Passend dazu wurde eine moderne, eckige Gehäuseform gewählt. Auch die „Kandy" gehört zur Avantgarde-Linie und kostet 2.455 Euro.

Leckerbissen für Uhren-Gourmets

Für Uhrenliebhaber und Sammler hält Shorokhoff derweil eine besondere Rarität bereit: die Vintage V5. „Uns ist es gelungen, etwa 80 Werke des äußerst seltenen und uhrmacherisch hochwertigen Kalibers Poljot de luxe 2416 zu erwerben", berichtet Shorokhov stolz. Dieses Uhrwerk werde von Kennern als „russische Legende" bezeichnet.

Für die erste Moskauer Uhrenfabrik war dieses flache Kaliber in den 1960er-Jahren gleichsam das Nonplusultra und Ausdruck höchster russischer Uhrmacherkunst. Das nur in kleiner Serie produzierte Spitzen-Uhrwerk tickte in einem äußerst eleganten Gehäuse mit zylindrischem Glas. Nur die oberen Zehntausend besaßen eine solche Uhr, darunter Kosmonauten, Künstler, Leistungssportler, Regierungsmitglieder und hochrangige Repräsentanten der Partei. Weil der Herstellungsprozess dieser Uhr kompliziert und zeitaufwendig war, wurde die Produktion in den 1970er-Jahren eingestellt.
Alexander Shorokhoff hat die „russische Legende" sozusagen demokratisiert: Um eine Vintage V5 mit diesem seltenen Werk zu besitzen, muss man weder der Regierung angehören noch Spitzensportler oder Kosmonaut sein.

Auf der BASELWORLD 2017 präsentierte Alexander Shorokhoff ein weiteres exklusives High-end-Produkt zum 25jährigen Jubiläum der Manufaktur: den Tourbillon Tomorrow. Im Design blieb sich die Marke auch bei dieser Uhr treu. Die ungewöhnliche, futuristische Anmutung dieses Zeitmessers passt sich gut der Avantgarde-Linie an.

Eine exklusive Uhr zum 25jährigen Jubiläum:
der Tourbillon Tomorrow von Alexander Shorokhoff.

Auch optisch ein Meisterwerk: die „Luna“ von Christine Genesis

Christine Genesis: Abseits der „Mainstream-Ticker“

So etwas nennt man wohl eine frühe Disposition. Bereits lange vor ihrem 18. Geburtstag entwickelte die gebürtige Rheinländerin Christine Genesis eine starke Affinität zu Uhren aller Art. Oft zog es sie zum Uhrmacher in ihrer Heimatgemeinde, wo sie dem Meister interessiert über die Schulter schaute und sich von der Faszination der Mechanik infizieren ließ. Mit 17 Jahren reparierte sie die erste Großuhr, später begann sie Uhren zu sammeln. Zunächst noch eher unsystematisch („Ich kaufte einfach, was mir gefiel“), später immer gezielter. Und infrage kamen ohnehin nur mechanische Werke. Außerdem besorgte sie sich alle verfügbare Literatur zu diesem Thema. Aber schon bald reichte es ihr nicht mehr, Uhren nur zu sammeln und darüber zu lesen. Sie wollte eigene bauen. So etwa mit 20 Jahren hatte sie dann die erste Inspiration zu ihrem eigenen Zeitmesser. Dieser Traum sollte Wirklichkeit werden, doch erst nach vielen Jahren, in denen die Mechanik-Begeisterte die Uhrmacherei von der Pike auf lernte und anschließend bei einer ersten Adresse umfassende Erfahrungen sammelte. So gibt es vermutlich nur sehr wenige Modelle und Werke, die Christine Genesis in den vergangenen Jahren nicht unter der Uhrmacherlupe hatte, revisionierte und gegebenenfalls reparierte. Darunter Uhren mit aufwendigen Komplikationen wie dem ewigen Kalender. Ende des Jahres 2004 war es an der Zeit, den Traum von der eigenen Kollektion allmählich Wirklichkeit werden zu lassen. Christine Genesis machte sich selbstständig, gründete in einem alten Fabrikgebäude im Süden Hamburgs ihr eigenes Atelier und brachte schließlich in Zusammenarbeit mit dem Designer Jorn Lund eine kleine Serie von Armbanduhren auf den Markt.

Um es gleich vorwegzunehmen: GENESIS-Uhren sind keine „Mainstream-Ticker". Den lange Zeit scheinbar unaufhaltsamen Trend hin zu immer größeren Armbanduhren hat sie nie mitgemacht, was von den einen Uhrenfreunden ausgesprochen begrüßt wurde („Endlich mal wieder Modelle mit einem Durchmesser von 37 bis 38 Millimetern"), bei den anderen aber nicht unbedingt auf Beifall stieß („Ich würde mir eine GENESIS durchaus kaufen, wenn das Gehäuse etwas größer wäre"). Doch die Hamburger Jungunternehmerin blieb ihrer Linie treu, was nicht nur konsequent ist, sondern auch unter Marketing-Aspekten durchaus Sinn macht. Der Erfolg liegt in der Differenzierung. Bis auf ein paar Ausnahmen brachten in den vergangenen Jahren fast alle gängigen Uhrenmarken immer größere Modelle auf den Markt. Schien früher eine Uhr mit einem Gehäusedurchmesser von 40 Millimetern schon reichlich dimensioniert, so ging der Trend später in Richtung 50 Millimeter. „Großformatige Modelle auf den Markt zu bringen, hätte gegen meine Design-Präferenzen und damit gegen meine Überzeugung verstoßen", sagt Christine Genesis. Und dass sie mit ihren Uhren nicht unbedingt potenzielle Kunden anspricht, für die ein Zeitmesser vor allem ein Statussymbol sein muss, ist ihr ebenfalls klar: „Dazu bin ich zu unbekannt. Niemand wird meine Uhren aus ein paar Metern Distanz erkennen und dem Träger zurufen: ‚Toll, du trägst ja eine GENESIS'", räumt die Uhrmachermeisterin aus dem Norden augenzwinkernd ein. Es ist indessen zu vermuten, dass die stolzen Besitzer einer solchen Uhr auf derlei Bemerkungen keinen Wert legen. Sie tragen einen Zeitmesser, der nur in sehr geringer Auflage hergestellt wird und Individualisten anspricht.

Ausbildung an der Uhrmacherschule Pforzheim

Zunächst freilich interessierte uns, wie aus der jungen Uhren-Enthusiastin eine Uhren-Schöpferin wurde. Immerhin gehört sie zu den sehr wenigen Uhrmachermeisterinnen in Deutschland, die eigene mechanische Zeitmesser fertigen. Die Geschichte ist schnell erzählt, obgleich sie quer durch die Republik führt. Dass Christine Genesis angesichts ihrer Begeisterung für mechanische Zeitmesser schon bald eine Uhrmacherlehre absolvieren würde, war abzusehen. Sie begann ihre Ausbildung beim Uhrmachermeister in ihrer Heimatgemeinde, stellte aber bald fest, dass ihr in dieser kleinen Werkstatt nicht jene Fähigkeiten vermittelt werden konnten, die sie erlernen wollte. So wechselte sie bereits nach zwei Monaten den Lehrmeister und begann eine Ausbildung an der Uhrmacherschule in Pforzheim. Und die war so ganz nach dem Geschmack von Christine Genesis. „Dort habe ich unter anderem Pendeluhren gebaut, das Guillochieren gelernt und Gehäuse selbst gefertigt. Später besorgte ich mir dann Werke und schuf meine erste eigene Uhr, die heute in den Tiefen meiner

Schubladen schlummert. Spätestens damals fasste ich endgültig den Entschluss: Ich wollte meine eigene Uhrenkollektion kreieren", erinnert sich die Uhrmachermeisterin an den Beginn ihrer Karriere.

Die Uhrenleidenschaft der jungen Frau ging freilich nicht auf Kosten ihres Realitätssinns. Nach Abschluss ihrer Ausbildung arbeitete sie zunächst bei einigen Uhrmachern und reparierte dort die unterschiedlichsten Zeitmesser. „In dieser Phase lernte ich ganz verschiedene Konstruktionen kennen", erinnert sich Christine Genesis. Ende der 1990er-Jahre kam sie nach Hamburg und war sieben Jahre im Service-Atelier von Wempe tätig. Dort reparierte und wartete sie unter anderem Nobelticker aus den namhaften Manufakturen in der Schweiz und im sächsischen Glashütte. Kein Wunder, dass sie über die Stärken und Schwächen vieler Marken und Modelle bestens Bescheid weiß. „In diesen Jahren erwarb ich meine Kompetenz für die Selbstständigkeit und für den Aufbau meiner eigenen Kollektion", stellt Genesis rückblickend fest.

Begonnen hat alles mit der GENESIS 1. Vor allem die Variante mit galvanoschwarzem Zifferblatt erwies sich rasch als Bestseller, sofern dieser Begriff bei einer Limitierung auf 44 Stück überhaupt angemessen erscheint. Schon das erste GENESIS-Modell bestach durch eine deutliche Design-Sprache, die sich heute durch die gesamte Kollektion zieht. Zeitlos elegante Klassiker sollten es werden – das war die Intention, als Christine Genesis und Jorn

Lund über das Design nachdachten. Dazu gehört, das Zifferblatt nicht zu überfrachten. Wie schon bei der Entscheidung, dem modischen Trend hin zu übergroßen Gehäusen nicht nachzulaufen, sollten GENESIS-Uhren auch einen bewussten Kontrapunkt setzen zu den vielen Zeitmessern mit reichlich verspielten Zifferblättern. Tatsächlich gewinnt man bei manchen Modellen den Eindruck, die Designer hätten buchstäblich jeden Quadratmillimeter genutzt, um noch irgendwelche Funktionen, Skalen oder Signaturen unterzubringen. So mutet manche Uhr heute an wie ein runder Rechenschieber. Das mag man schön finden oder nicht – unbestritten ist, dass solche Zifferblätter die Ablesbarkeit nicht unbedingt erleichtern.

Markante farbige Akzente

Allerdings: GENESIS-Uhren sollten trotzdem nicht so nüchtern wie eine Bahnhofsuhr daherkommen. Gefragt war mithin eine Prise subtiler Raffinesse. Und die Klarheit des Zifferblattes ermöglicht es, diese Subtilität schnell zu erfassen. Die GENESIS 1 erhielt etwa neben dem Datum eine Tages- und Gangreserveanzeige. Was sofort ins Auge fällt: Die Zeiger dieser Zusatzfunktionen sind beim Modell mit schwarzem Zifferblatt rot und grün. Sie setzen markante farbige Akzente, ohne aber allzu dominant zu wirken. Wer es eine Idee schlichter mag, entscheidet sich für das silberne Zifferblatt, auf dem sich zwar ebenfalls ein roter Gangreserve-Zeiger bewegt, der auf dem hellen Untergrund aber erst auf den zweiten Blick auffällt.

Das Modell GENESIS 2 erhielt neben der Gangreserve-Anzeige (natürlich mit rotem Zeiger) ein Großdatum mittig in der oberen Hälfte des Zifferblattes. Wer sich für die nicht mehr erhältliche GENESIS 3 entscheidet, erstand eine Uhr mit Großdatum und zweiter Zeitzone. Die GENESIS 4 entspricht der Nummer 2, allerdings mit Indizes statt Ziffern auf dem Zifferblatt.

Alle Uhren dieser Kollektion gibt es sowohl mit schwarzem als auch mit silbernem Zifferblatt und einzeln von Hand applizierten Indizes. Die Modelle sind jeweils auf 44 Stück begrenzt. Angetrieben werden die Uhren vom Basis-Kaliber Eta 2892-A2, das Christine Genesis um die erwähnten Zusatzfunktionen modifiziert. „Ich lege bei meinen Uhren nicht nur Wert auf eine besondere Ästhetik jenseits kurzlebiger Trends. Sehr wichtig ist mir darüber hinaus ein hohes Maß an Qualität. Deshalb bearbeite ich alle Uhrwerke, indem ich sie zerlege, reinige, einzelne Bauteile der Hemmung nacharbeite, um sehr gute Gangergebnisse zu erzielen, und außerdem veredle ich die Uhrwerkplatinen mit Zierschliffen“, erläutert Christine Genesis.

Die GENESIS-Automatikuhren 1 bis 4 sowie die Chronographen bilden gleichsam die tragenden Säulen der GENESIS-Kollektion. Die GENESIS 3 sowie die Modelle Rondo, Lemania sowie die Chronographen Jac, René und André (Goldgehäuse) sind mittlerweile ausverkauft. Dafür gibt es die GENESIS 1 mittlerweile auch mit blauem Sonnenschliff-Zifferblatt.

In den vergangenen Jahren kamen fünf Modelle hinzu. Der Chronograph GENESIS Carpe Diem ist in fünf Zifferblattfarben erhältlich. Die Farben aller Zeiger können vom Kunden individuell zusammengestellt werden, ebenfalls das Armband. Bei der GENESIS Classic handelt es sich um eine klassische Automatikuhr mit drei Zeigern und Datum. Sie ist ebenfalls in fünf Zifferblattfarben erhältlich. Die GENESIS Luna ist eine Automatikuhr mit Vollkalender (Tag, Monat, Datum und Mondphase). Für die Wochenzeitung DIE ZEIT fertigte Christine Genesis das auf 20 Stück limitierte Modell GENESIS Lotse mit einer Mondphase bei halb 11- und einer Datumsanzeige bei 6-Uhr. Die Zeiger sind gebläut und mit Superluminova ausgelegt.

Faire Preise und individuelle Beratung

GENESIS-Uhren begegnet man entweder auf Ausstellungen, die auf der Homepage der Uhrmacherin angekündigt werden (www.genesis-uhren.de), oder aber der Interessent vereinbart vor seinem nächsten Aufenthalt in der Hansestadt einen Besuch bei der Uhren-Herstellerin. Seit einiger Zeit sind GENESIS-Uhren auch in einem Laden im Hamburger Stadtteil Uhlenhorst erhältlich, den Christine Genesis zusammen mit einer Goldschmiedin betreibt.

Grundsätzlich ist es natürlich möglich, einen solchen Zeitmesser über das Internet zu bestellen. Die Uhrmacherin verzichtet aber bewusst auf ein automatisiertes und damit unpersönliches Bestellsystem, bei dem der Kunde seine Uhr auswählt, in den Warenkorb legt, die Kreditkartennummer eingibt und anschließend hofft, dass die bestellte Ware seinen Vorstellungen entsprechen möge. „Ich baue individuelle Uhren für Individualisten. Und das bedeutet eben nicht zuletzt individuelle Beratung. Wer nicht nach Hamburg kommen kann, signalisiert mir zum Beispiel via Internet einfach sein Interesse. Ich nehme dann mit dem Kunden Kontakt auf und beantworte alle seine Fragen telefonisch", erläutert Christine Genesis.

Die Preise liegen zwischen 1.980 und 3.000 Euro für Edelstahlmodelle. GENESIS 1, 2 und 4 kosten 2.400 Euro, die Carpe Diem 2.800 Euro, die Mondphase Luna 2.950 Euro, und die für die Wochenzeitung DIE ZEIT gefertigte und auf 20 Stück limitierte GENESIS Lotse kostet 3.400 Euro.

Sportlich-markant: der UTS-Diver 4000

UTS: Ingenieur-Know-how trifft Uhrenbegeisterung

Es gibt eine bekannte Schweizer Uhrenmarke, die eine nicht minder bekannte Serie aus ihrer Kollektion mit dem Namen „Ingenieur" schmückt. Und es gibt Zeitmesser, die nicht nur so heißen, sondern in denen auch ingenieurwissenschaftliches Know-how steckt. Seit Ende der 1990er-Jahre baut Diplom-Ingenieur Nicolaus Spinner in Holzkirchen bei München das, was er „High Precision Watches" nennt. Seine Marke heißt schlicht UTS (Uhren-Technik Spinner) und verfügt mittlerweile über eine weltweite Fan-Gemeinde.

Wie kommt ein Ingenieur, der sich im „normalen Leben", wie er es nennt, mit der Konstruktion von CNC-Werkzeugmaschinen sowie mit der Problemlösung bei der Metallzerspanung von Präzisionsteilen beschäftigt, auf die Idee, im Nebenjob Uhren zu bauen? Es war wohl der Antrieb, den Dingen immer auf den Grund gehen zu wollen. Im konkreten Fall bedeutete dies: Nicolaus Spinner zerlegte das eine oder andere gute Stück, um das Innenleben seiner geliebten Zeitmesser in des Wortes wahrstem Sinne unter die Lupe zu nehmen.

Doch dies geschah erst im fortgeschrittenen Stadium seiner Leidenschaft. Begonnen hatte alles, als Spinner zur Firmung eine mechanische Armbanduhr geschenkt bekam. „Schon als Jugendlicher hat mich diese aufwendige Mechanik auf kleinstem Raum fasziniert. Die damals weitverbreiteten Quarzuhren dagegen mochte ich überhaupt nicht", erinnert sich Nicolaus Spinner. Später, als Maschinenbau-Ingenieur, haben ihn neben der Mikromechanik der Uhrwerke nicht zuletzt der Gehäusebau und das Design von sportlichen Uhren angesprochen.

Klar, dass ein Uhren-Liebhaber wie Nicolaus Spinner edle Zeitmesser der großen Marken im Portfolio hat: Rolex, Omega, Breitling, IWC, Fortis, Longines, Glashütte und vieles mehr. Und natürlich sind ihm alle seine Uhren gleichsam ans Herz gewachsen, aber wirklich hundertprozentig zufrieden war er eigentlich mit keinem dieser Zeitmesser. „Irgendetwas hat mich immer gestört. Zugegeben, das waren in der Regel Kleinigkeiten, wie zu geringe Leuchtkraft von Zifferblatt und Zeigern in der Nacht, zu kleine und zu dünne Gehäuse, kein Glasboden, zu wenig Wasserdichtigkeit, hakelige Kronen und klapprige Stahlbänder." In dieser Phase der Uhren-Leidenschaft wollte es Nicolaus Spinner genauer wissen: Er zerlegte einige Uhren und schaute sich deren „innere Werte" an. Die dabei gewonnenen Erkenntnisse ließen letztlich in ihm den Entschluss reifen, selbst Uhren zu konstruieren und herzustellen. Denn das Innenleben der teuren Zeitmesser von namhaften Herstellern überzeugte den Ingenieur ebenfalls nicht: „Ich stieß auf teilweise fragwürdige Konstruktionen bei den Uhrengehäusen. Werkhalteringe, die große Abstände zwischen Uhrwerk und Gehäuse überbrückten, Dichtungen, die nach meiner Erfahrung falsch dimensioniert und angebracht waren, zu dünne Gehäusewände und Böden, Glasdichtungen, die nicht dauerhaft dichthalten, Mikroschrauben, mit denen man nicht wirklich etwas befestigen kann, Kronentubus und Drücker, die nur eingepresst waren, und weitere merkwürdige Dinge," berichtet der Münchner. Er fragte sich, weshalb man eigentlich überhaupt einen Werkhaltering brauche. Konnten die Hersteller das Uhrwerk nicht direkt im Gehäuse lagern? Spinner wunderte sich über sehr klein ausgeführte Gewinde bei verschraubten Kronen, die bei geringster Belastung ausreißen oder sich selbst zerstören. Oder weshalb werden die Chronographen-Drücker nicht ins Gehäuse eingeschraubt – eine Lösung, die nicht nur stabiler, sondern überdies auch servicefreundlicher wäre?

Nicolaus Spinner stellte Fragen, aber keiner wollte oder konnte sie beantworten – kein Juwelier, kein Hersteller. Und so musste sich geradezu der Verdacht aufdrängen, dass sich die Verantwortlichen selbst renommierter Marken bei der Gehäusekonstruktion keine Gedanken machten oder aber am falschen Ende sparten. Sicher sind eingepresste Chronographen-Drücker und ein gepresster Kronentubus in der Herstellung billiger. Ob es allerdings den namhaften Herstellern zur Ehre gereicht, wenn sie bei vermeintlichen Kleinigkeiten sparen, obwohl sie ihre Uhren später für Tausende von Euro verkaufen, darf zumindest bezweifelt werden.

MARKETING GUT – KONSTRUKTIONSQUALITÄT MÄßIG

„In meiner Branche werden Maschinen und Vorrichtungen gebaut, die rund um die Uhr und über Jahre, wenn nicht gar Jahrzehnte kompromisslos und störungsfrei funktionieren müssen. Im Maschinenbau darf man bei der Konstruktion der Maschinen und Anlagen keinen Fehler begehen. Diesen Anspruch hatte ich auch an eine hochwertige Sportuhr", sagt Nicolaus Spinner. Umso erstaunter sei er gewesen, als er gesehen habe, wie selbst weltbekannte Hersteller ihre Uhrengehäuse „zusammenschusterten". Viele renommierte Marken hätten wohl eine gute Marketingabteilung, aber keine gleichwertige Konstruktionsabteilung, argwöhnt der Münchner Ingenieur. Man konzentriere sich allzu sehr auf die Konstruktion von Manufakturwerken und vernachlässige den Gehäusebau. Ein Verdacht, der schon so manchen Uhrenfreund beschlich: Hochwertige Werke werden in anspruchslose Gehäuse eingeschalt. Von dieser ernüchternden Erkenntnis bis zur ersten UTS-Uhr war es ein konsequenter, aber schwieriger Weg. Die Gehäuse für seine eigenen Zeitmesser konstruierte und produzierte Nicolaus Spinner selbst. Noch aber fehlte der „Organismus", sprich: das Uhrwerk. Und natürlich brauchte der junge Uhrenbauer aus Bayern Zifferblätter und Zeiger. Sehr schnell lernte der Ingenieur die bisweilen nicht eben kooperativen Usancen der Branche kennen. Wo immer er anklopfte, um die benötigten Teile einzukaufen, zeigte man ihm die kalte Schulter. „Es schien, als würde man als Newcomer von allen Zulieferern der Uhrenindustrie zunächst einmal als Wettbewerber oder zumindest als Fremder eingestuft, der nicht zur Uhrenbranche gehört."

Nicolaus Spinner konnte indessen mit einem überzeugenden Vorteil punkten: Der Münchner spricht sehr gut Französisch, was in der Westschweiz dann doch so manche Tür öffnete. „Außerdem bin ich von Natur aus ziemlich hartnäckig", fügt Spinner hinzu. In den Jahren 1998 und 1999 begann sich diese Hartnäckigkeit allmählich auszuzahlen – zwar noch lange nicht in klingender Münze, wohl aber durch die Verwirklichung des Traums, eine eigene Uhr auf den Markt zu bringen, die eine Symbiose aus ingenieurwissenschaftlichem Know-how und Uhren-Leidenschaft darstellen sollte. Außerdem galt von Anfang an die Devise: Die Form folgt der Funktion. „Formen ohne Funktion sind für unsere Kunden nahezu sinnlos", weiß Nicolaus Spinner.

UTS ging mit einer kleinen Serie von zehn Uhren an den Start. Im ersten eigenen Uhrengehäuse tickte das Kaliber Unitas 6497. Die Zeitmesser hatten ein klares schwarzes Zifferblatt, weiße Indexe und Zeiger sowie beidseitig Saphirgläser. Die Krone war verschraubt und die garantierte Wasserdichtigkeit auf 10 bar – also 100 Meter – angegeben. Diese Angabe erschien eher konservativ, denn tatsächlich widerstand das Gehäuse bereits mehr als 30 bar. Es war aus drei Hauptteilen zusammengesetzt: einem Mittelgehäuse, das auch das Werk sowie die Krone aufnahm, und zwei Lünetten, welche die Saphirgläser trugen. Mit sechs industriellen Inbusschrauben, die durch die Lünetten und das Mittelgehäuse hindurchgingen, wurden diese drei Teile miteinander verbunden. Nicolaus Spinner: „Das ist wie im Behälterbau. Die Lösung muss nicht immer kompliziert sein, aber effektiv."

UTS verwendete schon für diese ersten Uhren Viton-O-Ringe als Dichtungen. Dieses Material gilt als besonders resistent gegen alle Chemikalien, Öle, Hitze und UV-Licht. „Im Maschinenbau verwendet man praktisch nur diese Dichtungen. Warum nicht im Uhrenbau?", wundert sich Nicolaus Spinner.

Premiere für die Commander

Eine weitere Besonderheit zeichnete dieses erste Modell von UTS aus: Die Bandanstöße ließen sich an- und abschrauben, sodass der Zeitmesser sowohl als Armband- als auch als Taschenuhr einsetzbar war. Nicolaus Spinner gab seiner ersten Uhr mit dem imponierenden Gehäusedurchmesser von 46 Millimetern den Namen Commander. Einige der Prototypen gab er an uhrenbegeisterte Freunde und Bekannte weiter, die das Modell in der Praxis testen sollten. „Und schont mir die Uhr ja nicht", gab er den Testpersonen noch mit auf den Weg. „Die Rückmeldungen waren durchweg positiv", erinnert sich Spinner. „Es gab bald etliche Anfragen, und ich habe mich dann entschlossen, weitere Gehäuse für die UTS Commander zu fertigen und die Uhr zum Verkauf anzubieten. Aus diesen Anfängen entstand über die Jahre eine kleine Kollektion von verschiedenen UTS-Uhren. Alle

Modelle sind professionelle Instrumente und Sportuhren, die besonders robust und wasserdicht sind – teilweise bis 300 bar, also 3.000 Meter", sagt Nicolaus Spinner.

Der Münchner ist schon ein wenig stolz darauf, dass er seine Kunden mit technischen Details überzeugen kann, mit denen andere Marken nicht aufwarten können. Das Tauchermodell UTS Diver 3000 (bis 3.000 Meter wasserdicht) hat bei „2-Uhr" eine eigene Verriegelungskrone für die Taucherdrehlünette. Diese Lünette ist beidseitig drehbar und kann durch die Krone in jeder Position verriegelt werden. Die Verriegelungskrone hat eine Exzenterwelle. Der Exzenter schiebt einen Bolzen nach oben. Dieser drückt dann eine Keramikkugel in die Kalotte der Taucherdrehlünette. Die Folge: Keine noch so große Kraft, die auf die Taucherdrehlünette einwirkt, kann diese Verriegelung überwinden. Dies mag manchem als technische Spielerei erscheinen. Tatsächlich aber dient diese Konstruktion der Sicherheit des Tauchers.

Taucheruhren spielen in der Kollektion von UTS eine wichtige Rolle. Die UTS Diver gibt es in den Varianten 500, 1000, 2000 und 3000. Wie unschwer zu erraten ist, beziehen sich die Zahlen der Modelle auf die Wasserdichtigkeit der Uhr – von 500 bis 3.000 Meter.

Es mag daran liegen, dass der Autor kein Taucher ist und seine Uhren allenfalls bei kräftigen Regengüssen mit Wasser in Berührung kommen. Jedenfalls ist sein Favorit in der UTS-Kollektion die markante Adventure, von der Nicolaus Spinner sagt, sie sei ein gelungenes Zusammenspiel von Hightech und handwerklichem Meisterwerk. Die mit sechs Inbusschrauben befestigte Lünette macht diese Uhr unverwechselbar. Angetrieben wird dieser Zeitmesser vom bewährten Handaufzugswerk Unitas 6497. Wer möchte, lässt das Uhrwerk, das man durch einen Saphirglasboden beobachten kann, gegen einen Aufpreis fein dekorieren.

Das tiefentaugliche Tourbillon

Ein besonderer Leckerbissen für Liebhaber komplizierter Uhren ist die UTS Tourbillon 1000. Nun mag man einwenden, dass mittlerweile beinahe jeder Hersteller, der etwas auf sich hält, eine Tourbillon-Uhr im Sortiment hat. Doch allein mit diesem filigranen Meisterwerk wollte sich Nicolaus Spinner nicht zufriedengeben. „Aus unserem Ingenieursdenken heraus stellten wir uns einer weiteren technischen Herausforderung“, sagt der Uhrenbauer aus München. Und diese Herausforderung hatte es fürwahr in sich: Die Handaufzugsuhr mit fliegend gelagertem Minutentourbillon sollte bis 1.000 Meter wasserdicht sein. Dieses Ziel wurde erreicht. „Uns ist es gelungen, diesem technischen Meisterwerk noch das entscheidende Extra abzuverlangen“, berichtet Nicolaus Spinner stolz.

Limitierter Diver: der Helfer Sea Explorer

Helfer-Uhren: Budgetschonende Swiss-Quality

Helfer Watches dürfte vermutlich die jüngste Schweizer Uhrenmarke im Luxussegment sein. Helfer-Uhren? Selbst Uhrenfreunde müssen da zweimal hinhören und hinschauen. Doch das lohnt sich, denn das junge Unternehmen mit seinem Gründer und Spiritus Rector Livio Helfer vereint hohe Qualität mit markantem Design und vergleichsweise moderaten Preisen.

Das Leben steckt voller Überraschungen: Der Abend war schon ziemlich weit fortgeschritten, als sich plötzlich das Smartphone von Livio Helfer meldete. Der Schweizer Unternehmer mit kanadischen Wurzeln traute zunächst seinen Ohren nicht. Am anderen Ende war das jordanische Königshaus. Seine Majestät bestellte eine größere Zahl von Helfer-Uhren für die Militärattachés seines Landes. Natürlich hatte es das Königshaus zunächst auch bei einem der großen, weltweit bekannten Schweizer Uhrenhersteller versucht, war dort aber abgeblitzt. Dass man dann jedoch gleich auf ihn zukam, ehrte Livio Helfer doch sehr.

Für den Uhrenhersteller und -designer mit kanadischen Wurzeln war dies einer der vielen Erfolgsmomente in der jüngeren Vergangenheit. Auch dass Jean-Claude Biver – der Mann hinter Hublot und einer der weltweit erfolgreichsten Uhrenmanager – die neuen, auf der Baselworld 2016 erstmals vorgestellten Helfer-Uhren als eine der ganz wenigen interessanten Novitäten der Messe bezeichnete, signalisierte dem schon seit vielen Jahren in der Schweiz lebenden Livio Helfer: Ja, es war eine richtige Entscheidung, seine Leidenschaft zu seinem Beruf gemacht zu haben. Obwohl am Markt sicher kein Mangel an Uhrenherstellern schweizerischer oder deutscher Provenienz besteht, die stolz auf ihre lange Tradition verweisen, lancierte Helfer eine junge Marke – verbunden mit einer Philosophie, die Freunde eidgenössischer Uhren aufhorchen lässt: Helfer verspricht Uhren von durch und durch Schweizer Qualität zu fairen Preisen.

In der Tat eine Botschaft, die so ganz anders klingt als das, was man in den vergangenen Jahren aus der schweizer Uhrenbranche vernahm: Dort schien man sich bei der Preisfindung bisweilen das Motto „The sky is the limit" zu eigen gemacht zu haben. Nun, da der Nachfrageboom aus dem Fernen Osten deutlich zurückgegangen ist, herrscht in manchen Nobel-Manufakturen in der Schweiz und im sächsischen Glashütte Katerstimmung.

Helfer hatte von Anfang an ein anderes Geschäftsmodell: „Unser Ziel ist es, fantastische Uhren zu kreieren, dafür hervorragendes Material und Schweizer Manufaktur-Erfahrung zu nutzen – und das Ergebnis zu überraschenden Preisen anzubieten."

Leidenschaft für Sport und Uhren

Doch erzählen wir die Geschichte von Anfang an: Livio Helfer, Jahrgang 1974, wuchs in Kanada auf und entdeckte schon früh seine Affinität zum Sport. Er spielte Fußball, wie wir ihn kennen (Soccer), vor allem aber sehr engagiert und erfolgreich American Football. Auch Extrem-Sportarten forderten ihn heraus. Im Laufe der Zeit kam eine zweite Leidenschaft hinzu: Irgendwann stellte Helfer fest, dass seine Armbanduhr für ihn weit mehr war als nur ein Zeitmesser. Sie war und ist ein ästhetisches Statement und Ausdruck der Persönlichkeit.

Im Jahr 2001 reifte in Livio Helfer schließlich die Idee, anspruchsvolle Sportuhren von höchster Qualität zu entwickeln, in denen sich nicht zuletzt seine eigene Persönlichkeit widerspiegeln sollte: „Schon bei meinen ersten Entwürfen versuchte ich, Uhren zu kreieren, in denen ich meine Persönlichkeit, meine Hobbys, mein Leben und mein eigenes Universum wiedererkannte", sagt Helfer. Insofern dürfen seine Zeitmesser wohl mit Fug und Recht als sehr authentisch bezeichnet werden. Er lief nicht irgendwelchen Trends oder dem Massengeschmack nach, sondern machte buchstäblich „sein eigenes Ding".

Sein „Universum" – das sind neben dem Sport die Begeisterung für Autos („Autofahren ist für mich mehr als ein Hobby, es ist eine Herausforderung"), die Passion für's Reisen und das Kennenlernen neuer Länder und Kulturen sowie nicht zuletzt auch der Wassersport. Klar, solche Multi-Passionen lassen sich nicht in einem Uhrenmodell vereinen. Und so entschied sich Helfer, die „4 Elements" in den Mittelpunkt seiner Uhren-Kollektion zu stellen: Die Uhren der „Diver Element Collection" – teilweise bis 500 Meter wasserdicht – sind zuverlässige Begleiter von Wassersportlern, werden aber gleichermaßen gern von Zeitgenossen getragen, die ihre Zeit lieber auf dem Trockenen verbringen. Die „Racer Element Collection" wiederum ist dem Autoliebhaber gewidmet, während die „Space Element Collection" zwar für den Weltenbummler bestimmt ist, aber auch in der Heimat sehr gern getragen wird. Die Helfer-Kollektion wird komplettiert von einer leichter konstruierten „Lady's Element Collection", die auch mit einer Diamanten-Einfassung erhältlich ist.

Schauen wir uns die Zeitmesser etwas genauer an. Die Uhren aus dem Hause Helfer weisen – wie die meisten Sportuhren – einen großen, aber nicht übergroßen Gehäusedurchmesser auf. Er liegt meist zwischen 45 und 47 Millimeter, lediglich das Damenmodell beschränkt sich auf 40 Millimeter. Für die robust anmutenden, aber dennoch angenehm zu tragenden Gehäuse wird PVD-Stahl, Keramik und Titan verarbeitet, manche Modelle sind vergoldet. Alle Zeitmesser werden mit entspiegeltem Anti-Reflex-Saphirkristall-Glas ausgestattet. Außerdem erhält jeder Käufer zwei Bänder. Der Clou dabei: Sie lassen sich auch ohne Uhrmacher-Handwerkszeug dank patentiertem „Quick Change Strap System" mit wenigen Handgriffen schnell austauschen.

Helfer setzt auf ETA-Kaliber

Beim Blick ins Innere der Uhren begegnet man bewährter Schweizer ETA-Qualität. Die Chronographen werden vom ETA-Werk 7750 Valjoux angetrieben, von dem der renommierte Schweizer Uhrenkonstrukteur Paul Gerber einmal sagte, es sei robust „wie ein Traktor". Gerber baute dieses Werk in modifizierter Form übrigens auch in seinen Jahreskalender, der als offizielle Uhr des internationalen Uhrenmuseums (MIH) im schweizerischen La Chaux-de-Fonds verkauft wird. In den übrigen Automatikuhren tickt das ebenfalls bekannte und langlebige Kaliber ETA 2824. Allerdings findet man in der Helfer-Kollektion auch Uhren mit Schweizer Quarz-Werken, konkret ISA 8371 und ETA G10. Nun sind Quarz-Uhren trotz ihrer hohen Genauigkeit bei Uhrenfreunden nicht immer beliebt. Weshalb hat Helfer also auch solche Zeitmesser mit in seine Kollektion aufgenommen?"

„Wir unterscheiden grundsätzlich zwei Gruppen von Kunden. Die einen legen Wert auf Uhren mit markantem Design, hoher Ganggenauigkeit, Robustheit und trotz Schweizer Qualität einem günstigen Preis unter 1.000 Euro. Diese Kunden sind mit einer hochwertigen Quarz-Variante gut bedient", sagt Andreas Müller, Geschäftsführer von Helfer Watches Deutschland bei Berlin. „In der anderen Gruppe finden wir die passionierten Uhrenfreunde und -sammler, die zusätzlich zu den genannten Eigenschaften auch Wert auf Mechanik legen und dafür einen entsprechend höheren Preis akzeptieren."

Obwohl sich in Deutschland und in einigen anderen Ländern in kurzer Zeit schon kleine Fan-Gemeinden für Helfer-Watches gebildet haben, handelt es sich um eine sehr junge Marke, die eigentlich erst seit ihrem Auftritt auf der Baselworld 2016 von einem breiteren Publikum wahrgenommen wird. Das soll sich in den nächsten Monaten ändern. Neben vergleichsweise moderaten Preisen und dem sportlichen Design will Helfer nicht zuletzt mit einem Alleinstellungsmerkmal punkten, das kein zweiter Hersteller zu bieten hat: Wer eine Helfer-Uhr erwirbt, erhält eine zwölfjährige Garantie auf seinen Zeitmesser.

Das Pellikaan-Modell „Flying Dutchman“ mit Unitas-Werk

Pellikaan Timing: Uhren aus den Niederlanden

Uhren aus den Niederlanden? Für manchen mutet diese Vorstellung etwas exotisch an. Gewiss, im Nachbarland gibt es viele ambitionierte Sammler. Aber mechanische Uhren aus Holland sind noch weithin unbekannt. Wir besuchten eine kleine Marke in Utrecht, gegründet vor wenigen Jahren von Hubert Pellikaan. Er bringt seither mehrere Modelle seiner Reihe „Flying Dutchman“ auf den Markt. Mit holländischem Design, Schweizer Werken und der Uhrenleidenschaft des Inhabers will Pellikaan bei den Kunden punkten.

Unser erster Gedanke: Der Taxifahrer muss sich geirrt haben. An einem trüben und windigen Nachmittag stehen wir ein wenig ratlos in einer Straße mit dem schwer aussprechbaren Namen Wittevrouwensingel in Utrecht und suchen Hubert Pellikaan. Er hat vor ein paar Jahren eine eigene Uhrenmarke gegründet und will uns heute seine kleine, aber feine Kollektion zeigen. Wir checken noch einmal die Adresse. Stimmt, hier müsste es eigentlich sein. Doch am Hauseingang befindet sich kein Hinweis auf die Firma Pellikaan Timing. Vollends irritiert sind wir, als wir ein Schild entdecken, das auf eine Firma aus der Pharmabranche hindeutet. Sicherheitshalber rufen wir Hubert Pellikaan an. „Sie sind absolut richtig, ich komme gleich runter zur Eingangstür“, beruhigt er uns. Und schon hören wir ihn die Treppen herabsteigen.

„Ich bin kein Uhrmacher, sondern im technisch-pharmazeutischen Bereich tätig, vor allem als Erfinder und Entwickler“, erklärt unser Gastgeber das Firmenschild am Eingang. Erstaunlich, wieder so einer. Bei unseren zahlreichen Besuchen in kleineren oder mittleren Uhrenateliers begegnen wir immer wieder Menschen, die eigentlich aus ganz anderen Berufen kommen und deren Leidenschaft für Zeitmesser so ausgeprägt ist, dass sie nicht nur außergewöhnliche Stücke besitzen, sondern schließlich auch eine eigene Uhrenmarke gründen möchten. Wir lernten auf diese Weise ehemalige Architekten und Bauingenieure kennen, Agenturinhaber und Chemielaboranten, Designer und Piloten. Insofern überrascht uns die sehr kurze Geschichte der sehr jungen Marke Pellikaan Timing nicht.

„Ich hatte schon immer eine ausgeprägte Affinität zu Uhren", berichtet Hubert Pellikaan und zeigt uns einige Omega Vintage-Modelle – eine aus dem Jahr 1945. „Ich stellte bald fest, dass es schon immer sehr schöne Uhren gab. Aber leider auch hässliche, doch das ist nun einmal Geschmackssache." Stolz zeigt uns Pellikaan eine Omega mit Astronauten-Armband – wie es sich für eine Moon-Watch geziemt.

Der Weg zur eigenen Uhr

Im September 2007 fuhr Hubert Pellikaan gemeinsam mit seiner Frau nach Maastricht. „Ich hatte einige recht erfolgreiche, aber arbeitsintensive Wochen hinter mir und wollte mir zur Belohnung eine schöne Uhr gönnen", erinnert sich der Uhrenfan. Er hatte eine Omega Planet Ocean und eine Panerai in die engere

Wahl genommen. Doch so richtig überzeugt war er von keinem der beiden Zeitmesser. Stattdessen reifte in ihm eine ehrgeizige Idee: Wenn schon keine Uhr hundertprozentig seinen Geschmack traf, warum sollte er sich dann nicht eine eigene Uhr bauen, die voll und ganz seinen Vorstellungen entsprach?
Hubert Pellikaan war von dieser Vorstellung so fasziniert, dass er schon wenig später mit der Umsetzung begann. Er kaufte sich ein Designprogramm, nahm Kontakt auf mit wichtigen Zulieferern und Dienstleistern in der Schweiz, Deutschland und Großbritannien. Im Jahr 2009 schließlich ließ er seine Marke registrieren.
„Flying Dutchman" heißt seine Kollektion, die sowohl Handaufzugsuhren als auch automatische Zeitmesser umfasst. Ihr gemeinsames Merkmal sind übersichtliche und leicht ablesbare Zifferblätter, deren Design unverwechselbar ist. Wer einmal eine Pellikaan-Uhr gesehen oder besser noch getragen hat, wird die Zeitmesser dieser Marke garantiert schnell wiedererkennen.

Basismodell mit ETA 6498-1

Das Basismodell ist der „Flying Dutchman" mit Handaufzug und einer markanten Krone. Im Inneren tickt mit dem ETA 6498-1-Werk ein alter Taschenuhr-Klassiker, besser bekannt unter dem Namen „Unitas". Charakteristisch ist die Kleine Sekunde in der unteren Hälfte des Zifferblatts. Das Werk ist mit Genfer Streifen und gebläuten Schrauben verziert und kann durch den Saphirglasboden beobachtet werden. Natürlich verwendet Pellikaan auch für das Glas über dem Zifferblatt kratzfestes Saphirglas. Das Gehäuse dieses Basismodells für 890 Euro hat einen Durchmesser von 45 Millimetern. Das Zifferblatt gibt es in schwarz oder cremefarben. Die Handaufzugsuhr von Pellikaan ist auch als Limited Edition für den Fußballverein FC Utrecht erhältlich. Von dieser Uhr kamen 2011 lediglich 25 Stück auf den Markt – zu einem Preis von 995 Euro.

Ein besonderer Leckerbissen für Uhrenfreunde dürfte das Modell „Flying Dutchman center seconds“ sein. Dabei handelt es sich ebenfalls um eine Handaufzugsuhr mit besonderem Werk-Finishing. Zu den Merkmalen gehören neben der Sekunde aus der Mitte (im Gegensatz zur ansonsten typischen Kleinen Sekunde) eine Schwanenhals-Feinregulierung und eine Glucydur-Unruh. Diese Uhr kostet derzeit 2.490 Euro.

Neue Modelle in der Pipeline

Auf den ersten Blick unterscheidet sich das „Flying Dutchman“-Automatikmodell nur unwesentlich von der Handaufzugsvariante. Das Zifferblatt-Design ist identisch, es fehlt lediglich die Kleine Sekunde, da die Sekundenanzeige bei den Automatik-Uhren aus der Mitte erfolgt. Hubert Pellikaan baut das ETA Werk 2892A2 ein, dekoriert mit Genfer Streifen, Perlage und gebläuten Schrauben. Auch für diese Uhr mit einem Gehäuse-Durchmesser von 45 Millimetern verwendet Pellikaan ausschließlich Saphirglas. Wie das Handaufzugsmodell ist die Automatikuhr mit schwarzem und cremefarbenem Zifferblatt erhältlich. Zu allen Pellikaan-Uhren bekommt der Käufer zusätzlich noch ein schwarzes NATO-Armband. Für die Automatikuhr muss der Käufer 1.490 Euro investieren.

Jüngste Modelle in der Pellikaan-Kollektion sind die Taucheruhr Diving Dutchman-1 sowie die mit einem Gehäusedurchmesser von 40 Millimetern etwas dezentere Hendrik Lorentz-Armbanduhr, die dem bekannten niederländischen Physiker gewidmet ist. Das Zifferblatt des Hendrik Lorentz-Modells hat eine typisch nüchterne, wissenschaftliche Anmutung.

Uhren von Pellikaan bekommt man bei einigen Juwelieren in Holland, man kann sie aber auch direkt bei Hubert Pellikaan im Internet bestellen. Noch besser: Man vereinbart einen persönlichen Beratungstermin und lässt sich die „Flying Dutchman"-Modelle in Utrecht zeigen.

Unser Fazit: eine Uhr von einem Individualisten für Individualisten. Das Design ist stringent, technisch verlässt sich Pellikaan auf „Swiss made"-Werke. Für eine kleine und bislang wenig bekannte Marke erscheinen die Preise noch akzeptabel, wenn auch auf diesem Niveau weitgehend ausgereizt.

Das Modell Islandus 1919 der kleinen isländischen Marke JS Watch

Uhren aus Reykjavík: So tickt Island

Uhren kommen aus der Schweiz, aus Glashütte, dem Schwarzwald oder aus Pforzheim. Aber aus Reykjavík? In einer der kleinsten Uhrenmanufakturen der Welt entstehen auf Island außergewöhnliche Zeitmesser – teilweise mit echter Vulkanasche auf dem Zifferblatt. Die Uhrmacher des Familienbetriebs JS Watch haben es geschafft, in weniger als zehn Jahren einen kleinen, aber feinen internationalen Fanclub zu überzeugen.

Selbst für Experten mit langjähriger Erfahrung war dieser Kundenwunsch eine exotische Herausforderung. „Eine kleine Uhrenmanufaktur auf Island wollte bei der Gestaltung der Zifferblätter unbedingt Vulkanasche einbinden“, erinnert sich Andreas Reisch. Der Geschäftsführer der Cador Zifferblatt GmbH in Eimeldingen, die einige der ersten Adressen der Uhrenbranche zu ihren Kunden zählt, ist stolz, auch diese Aufgabe gelöst zu haben – für eine Uhrenmanufaktur, von der selbst viele Freunde edler Zeitmesser gar nicht wissen, dass es sie gibt.

Auftraggeber war die Firma JS Watch in Reykjavík, die nicht nur eine der kleinsten, sondern vermutlich auch die nördlichste Uhrenmanufaktur der Welt sein dürfte. Aber immerhin, der Familienbetrieb in der isländischen Hauptstadt, die nicht größer ist als Saarbrücken, produziert pro Jahr 250 bis 300 Zeitmesser, die im Nu an Uhrenfreunde in aller Welt verkauft werden. Darunter sollen sich auch mehrere sehr prominente Zeitgenossen befinden.

Vulkanasche auf dem Zifferblatt

Wohl keiner denkt an Uhren, wenn die Rede auf Island kommt. Schlagzeilen machte die 103.000 Quadratkilometer umfassende größte Vulkaninsel der Erde in den vergangenen Jahren vor allem aus zwei Gründen, deren Eruptionen in beiden Fällen weitreichend waren. Im April 2010 hatte der Vulkan mit dem unaussprechlichen Namen Eyjafjallajökull eine gigantische Aschewolke kilometerweit in den Himmel gespuckt. Weil sich in dieser Wolke auch scharfkantige Teile befanden, musste der Flugverkehr in Europa über viele Tage ruhen. Tausende von Passagieren verloren viel Zeit. Dafür können sie nun einen Zeitmesser mit Vulkanasche am Handgelenk tragen – sozusagen als Wiedergutmachung. Die kleine Firma JS Watch erkannte die Marketing-Chance sofort und brachte mit der Frisland God eine Dreizeigeruhr mit einem Vulkanasche-Zifferblatt auf den Markt. Das Zifferblatt ist – wie erwähnt – „Made in Germany“. Wer sich für diese exotische Uhr entscheidet, muss 3.850 Euro investieren.

Noch wesentlich gravierendere Folgen als die Vulkan-Aktivität hatte der Ausbruch der isländischen Finanz- und Wirtschaftskrise. Am 6. Oktober 2008 unterbrachen die Fernsehsender ihr Programm für eine Ansprache des damaligen Regierungschefs Geir Haarde, der im schwarzen Anzug vor die Mikrofone und Kameras trat. Was er zu sagen hatte, erschütterte die kleine Nation im hohen Norden: „Es besteht die Gefahr, dass unsere Volkswirtschaft dem Abwärtstrend nicht entkommt und unsere

Nation am Ende bankrott geht. Gott schütze Island." Ob es letztlich Gott war, der die Insel schützte, ob die Hilfen der skandinavischen Nachbarländer und Polens dem Land wirtschaftlich wieder auf die Beine halfen, oder ob es der Fleiß und die Disziplin der Isländer waren (wahrscheinlich alles zusammen) – jedenfalls hat sich Island erstaunlich schnell erholt und gilt den anderen Krisenstaaten heute als Vorbild.

Boom und Krise auf Island

Doch was hat der Beinahe-Bankrott mit der kleinen Uhrenmanufaktur in Reykjavík zu tun? Mehr als man im ersten Moment vermuten könnte. Denn dem finanziellen Absturz der Insel war ein beispielloser Wirtschaftsboom vorausgegangen. Die reichlich provinziell anmutende Hauptstadt stieg zu einem Finanzplatz auf, wo sogar ansonsten eher vorsichtige deutsche Sparer ihr Geld anlegten. Auf Island wurde in den Jahren nach der Jahrtausendwende richtig gut verdient – die Menschen konnten sich etwas leisten und waren bereit, gern mal tiefer in die Taschen zu greifen. Zum Beispiel, um sich eine Luxusuhr zu gönnen.

Da hatte der isländische Uhrmacher Gilbert Gudjonsson eine Idee, die viele für absolut verrückt hielten: Gemeinsam mit seinem Sohn Sigurdur Gilbertsson, der ebenfalls vom Uhrenvirus infiziert ist und im Laufe der Jahre eine kleine Sammlung an hochwertigen Zeitmessern aufgebaut hat, wollte er original isländische Uhren bauen. Und einmal mehr zeigte sich: Viele gute

Geschäftsideen klingen am Anfang verrückt. Sohn Sigurdur und seine beiden Partner Julius Heidarsson und Grimkell Sigurthorsson gründeten die Marke JS Watch und lancierten im Jahr 2005 die erste Modelllinie. Der Erfolg überraschte sogar die optimistischen Gründer: Die ersten Uhren waren innerhalb von nur sechs Monaten komplett ausverkauft. Dann aber stürze Island in die Wirtschaftskrise, die Landeswährung kollabierte, und mit dem viel beachteten Wohlstand der Insulaner war es erst einmal vorbei.

Gleichzeitig kamen aber immer mehr Touristen auf die Insel, die von den nun etwas günstigeren Preisen profitieren wollten. Mancher von ihnen investierte in eine Uhr der Marke JS Watch und genoss zu Hause das ungläubige Staunen anderer Uhrenfreaks, die noch nie etwas von isländischen Uhren gehört hatten. Dank der starken Auslandsnachfrage konnte sich die kleine Marke recht gut am Markt behaupten. Sie steht heute besser da denn je.

Die Kollektion von JS Watch

Doch welche Modelle haben die Uhrmacher aus Reykjavík außer der Frisland God mit dem besonderen Vulkanasche-Zifferblatt noch zu bieten? Da wäre zunächst die Frisland mit normalem Zifferblatt. Ebenfalls eine Dreizeigeruhr – mit Indexen und einer markanten 12 und 6 auf dem Zifferblatt. Für diese Uhr mit leichtem Understatement-Charakter muss man aktuell 2.250 Euro zahlen.

Begonnen hat die kleine Marke mit der Serie 101, benannt nach der Postleitzahl der Altstadt von Reykjavík. Im Inneren des Zeitmessers tickt mit dem Kaliber 2824 bewährte Eta-Hausmannskost. Mittlerweile bezieht JS Watch allerdings auch Werke von Soprod (A10). Nicht zu übersehen ist die Affinität der isländischen Uhrmacher zur Luftfahrt. Immerhin ist mit Julius Heidarsson einer der Manufaktur-Gründer Pilot. Da lag es nahe, auch Fliegermodelle in die Kollektion aufzunehmen. Die JS Watch-Reihe 1919 nimmt Bezug auf das Jahr, in dem in Island die Luftfahrt begann.

Neben der Vulkan-Uhr ist der SIF North Atlantic Rescue Timer (NART) ein Highlight in der Kollektion der isländischen Uhrmacher. Die sehr robuste, bis 1.000 Meter wasserdichte Uhr im Flieger-Look wurde für die Hubschrauberpiloten der isländischen Küstenwache konstruiert. Diese Uhr kostet 2.450 Euro, mit einem Metallarmband 250 Euro mehr. Und natürlich darf ein Chronograph in der Kollektion nicht fehlen. Der „Islandus Chronograph“ wird vom klassischen Valjoux 7750-Kaliber angetrieben, das in einem Gehäuse mit markanten 44 Millimetern Durchmesser tickt. Mit 3.735 Euro erscheint der Preis für einen in kleiner Auflage und in Handarbeit hergestellten Chronographen zwar nicht eben als Schnäppchen, aber eben noch akzeptabel. Deutlich günstiger ist die „Islandus“ als Dreizeigeruhr mit Datumsanzeige (2.250 Euro).

Natürlich bekommt man für diese Preise auch Uhren von bekannten Marken aus der Schweiz. Der Mehrwert von JS Watch-Uhren besteht daher wohl eher in dem Bewusstsein, zu einem kleinen Kreis von Connaisseurs zu gehören, für die nicht allein ein international bekannter Markenname zählt.

Special I: Uhren als Kapitalanlage

Ob exklusive Kleinserien aus handwerklich arbeitenden Manufakturen oder Luxus-Zeitmesser von den ersten Adressen in der Schweiz und Glashütte: Hochwertige Uhren faszinieren nicht nur Sammler, sondern auch Anleger. Individualisten setzen zunehmend auf kleine, inhabergeführte Marken mit geringen Stückzahlen.

Gina Lollobrigida war Schauspielerin, Fotografin und Bildhauerin. Was viele aber nicht wissen: Das Sexsymbol des italienischen Films liebte teure Uhren. Unter anderem zierte ein Rolex Chronograph das schlanke Handgelenk der Schauspielerin. Ob es nun an der prominenten Vorbesitzerin oder an der Vintage-Uhr aus dem Jahr 1942 lag, jedenfalls wurde Ginas Zeitmesser im Auktionshaus Christie's für sage und schreibe 1,16 Millionen Dollar versteigert. Und für eine TAG Heuer Monaco Calibre 11, baugleich mit jener, die Steve McQueen 1971 im Film „Le Mans" trug, fiel der Hammer des Auktionators erst bei mehr als 700.000 Dollar.

Keine Frage, die wirklichen „Blue chips" unter den Nobel-Uhren kommen aus der Schweiz und tragen einen der weltweit bekannten Markennamen. In den vergangenen Jahren freilich hat auch die Uhrenbranche in Deutschland mächtig aufgeholt. Vor allem Zeitmesser aus dem sächsischen Glashütte bergen ebenfalls Wertsteigerungspotenzial.

Ein bekannter Markenname ist dabei für kleinere Manufakturen ebenso wichtig wie für die großen Hersteller, von denen die meisten zu den internationalen Luxusgüterkonzernen LVMH, Richemont und Swatch Group gehören. Die vielleicht begehrtesten Schweizer Luxusuhren-Marken indessen sind konzernunabhängig. Rolex gehört einer Stiftung, und die Manufakturen Patek Philippe und Audemars Piguet befinden sich in Familienbesitz.

Erste Adressen aus der Schweiz und Glashütte

Die Schweiz bleibt sicher die erste Adresse, wenn es um hochwertige mechanische Uhren geht. Im vergangenen Jahr exportierten die eidgenössischen Hersteller Zeitmesser im Wert von über 17,5 Milliarden Euro. Der weltweit erzielte Umsatz mit Luxusuhren schätzt die Beratungsgesellschaft Bain & Company auf rund 30 Milliarden Euro. Und davon profitieren nicht nur die Luxusuhren-Hersteller zwischen Schaffhausen und Genf, sondern zunehmend auch die großen Marken in Deutschland – allen voran die Top-Labels A. Lange & Söhne und Glashütte Original. Was das Image, die Komplikationen und die Verarbeitungsqualität angeht, befinden sich diese Manufakturen sicher längst auf Augenhöhe mit den besten Marken der Schweiz. Das macht sich freilich auch bei den Preisen bemerkbar. Für die legendäre „Lange 1" muss man heute rund 25.000 Euro investieren. Vor zehn Jahren zahlte man noch fast 9.000 Euro weniger.

Allerdings entscheidet der Preis nicht allein über den Kultstatus einer Uhr. Nur wenige Minuten Fußweg von A. Lange & Söhne entfernt – im ehemaligen Bahnhof von Glashütte – hat die Uhren-Manufaktur Nomos ihr Domizil. Ihre bemerkenswerte Karriere verdankt diese Marke ihrem mehrfach preisgekrönten Design-Klassiker „Tangente“. Eine Uhr, „die mit ihrer Schlichtheit ins Auge springt“, sollte es sein. Und das Kalkül ist aufgegangen. Einige limitierte Sammlermodelle der preisgünstigen Marke verzeichneten inzwischen sogar Wertzuwächse. In den vergangenen Jahren brachte Nomos mit der Modellreihe „Zürich“ größere und kompliziertere Uhren auf den Markt. Aktuelles Flaggschiff in Sachen Raffinesse ist die „Zürich Weltzeit“ mit einer inhouse hergestellten Weltzeitkomplikation. Um das Werk für diesen globalen Zeitmesser produzieren zu können, wurde eigens eine neue Werkzeugschleifmaschine angeschafft. Und wer es noch eine Spur extravaganter mag, kann sich nun auch für die Nomos-Goldkollektion entscheiden. Die Modelle Lambda und Lux mit Handaufzugswerken sind in Roségold und Weißgold erhältlich, liegen preislich aber erheblich über dem Niveau der Gesamtkollektion. Überhaupt sollte man bei Uhren aus Edelmetallen etwas zurückhaltend sein. Denn erstens zeigt die Erfahrung, dass oft die Stahlvarianten wesentlich besser performen (prominentes Beispiel: die Rolex Daytona), zum anderen ist die Wertentwicklung bei Goldmodellen natürlich auch vom bekanntlich sehr volatilen Preis des gelben Edelmetalls abhängig.

Moritz Grossmann: Renaissance eines großen Namens

In unmittelbarer Nachbarschaft zu Nomos eröffnete Moritz Grossmann vor wenigen Jahren ein neues Manufakturgebäude der Extraklasse. Die Top-Immobilie am Hang des Müglitztals gehört seither zu den architektonischen Highlights der kleinen Gemeinde Glashütte.

Das noch junge, im November 2008 gegründete Unternehmen, führt einen traditionsreichen Namen: Moritz Grossmann, ein Freund von Ferdinand Adolph Lange, war einer der begnadetsten sächsischen Uhrmacher im 19. Jahrhundert und trat sogar Langes Nachfolge als Abgeordneter im königlich-sächsischen Landtag in Dresden an. Im September 2010 stellte Geschäftsführerin Christine Hutter mit der „Benu" die erste Armbanduhr der Marke mit feinstem Manufakturwerk und der für das Haus Moritz Grossmann typischen Zwei-Drittel-Platine vor. Mittlerweile gibt es die „Benu" mit Gangreserveanzeige und Tourbillon. Zur Einweihung des neuen Gebäudes präsentierte Grossmann das neue Modell „Atum", natürlich mit Manufakturwerk und einer neu konzipierten Grossmann-Unruh. Charakteristisch sind auch die selbst gefertigten, lanzenförmigen Zeiger. „Wir sind vermutlich die einzige Manufaktur, die sogar ihre Zeiger selbst herstellt", freut sich Christine Hutter.

Doch nicht alle interessanten deutschen Marken haben ihren Sitz in Glashütte. Der kleine, eher handwerklich geprägte Hersteller D. Dornblüth & Sohn ist zum Beispiel im altmärkischen Kalbe (Sachsen-Anhalt) zu Hause. Der Familienbetrieb fertigt klassische Drei-Zeiger-Uhren mit aufwendig finissierten Unitas-Taschenuhrwerken. Dreiviertelplatine, Schwanenhals-Feinregulierung auf handgraviertem Unruhkolben, verschraubte Goldchatons, doppelter Sonnenschliff auf den Aufzugsrädern und eine Glucydur-Schraubenunruh mit Nivarox-Spirale verleihen dem Basiswerk einen exklusiven Mehrwert. Zum 50. Jubiläum des Familienbetriebs brachte Dornblüth vor einiger Zeit das erste hauseigene Uhrwerk heraus.

Uhren als Kapitalanlage?

Wenn eine Uhr nicht nur ein Zeitmesser, sondern ein feinmechanisches Kunstwerk ist, das noch dazu in streng limitierter Auflage auf den Markt kommt, dann wird sie grundsätzlich auch als Kapitalanlage interessant. Doch Vorsicht: „Rund 80 Prozent aller hochpreisigen Uhren haben kein Wertsteigerungspotenzial", weiß Stefan Muser, Inhaber des Mannheimer Auktionshauses Dr. Crott. Bleiben immerhin noch 20 Prozent, mit denen sich zum Teil ordentliche Renditen einfahren lassen.

Fast schon legendär ist die Erfolgsgeschichte der Rolex Daytona mit dem Paul-Newman-Zifferblatt. Vor vielen Jahren wollten nur wenige Uhrenfreunde diesen Stahl-Chronographen kaufen, der dem bekannten US-Schauspieler gewidmet war. Für weniger als 1.000 D-Mark konnte man den verschmähten Zeitmesser seinerzeit erstehen. Heute sind die Paul-Newman-Daytonas weltweit gesuchte Sammlerstücke, für die auf Auktionen 50.000 Euro und mehr gezahlt werden. Mindestens fünfstellige Preise zahlen solvente Sammler auch für das Rolex Sondermodell „Comex Sea Dweller". Zu den Top-Performern zählen überdies die A. Lange & Söhne Tourbillon „Pour le Mérite" sowie Vintagemodelle vor allem von Omega und Fliegeruhren von IWC. Auch einst vergleichsweise günstigere Uhren wie die „Monaco Steve McQueen" von TAG Heuer haben ihren Wert in wenigen Jahren fast vervierfacht.

Die Platin-Uhr mit ewigem Kalender und Minutenrepetition von Patek Philippe kostete in den 1980er-Jahren rund 185.000 Schweizer Franken, das sind heute etwa 153.000 Euro. Schon 15 Jahre später wurde sie vom Genfer Auktionshaus Antiquorum für umgerechnet 1,3 Millionen Euro versteigert. Weitere Marken mit Wertsteigerungspotenzial sind Panerai sowie die Manufakturen Richard Mille und F.P. Journe, die beide nur wenige Uhren pro Jahr bauen.

Wer mit Uhren Renditen erzielen will, muss also nicht nur auf die richtige Marke und ein gefragtes Modell setzen, er braucht überdies einen langen Atem. Allerdings gibt es auch Ausnahmen von dieser Regel: Die zum Jubiläum der Juwelierkette Wempe auf den

Markt gekommene Platin-Armbanduhr mit Jahreskalender von Patek Philippe verdoppelte ihren Wert in nur drei Jahren. Und in den vergangenen zehn Jahren stieg der Wert von Luxus-Zeitmessern im Schnitt um 83 Prozent, stellte jetzt die Beratungsgesellschaft Knight Frank fest. Von solchen nach dieser Zeitspanne steuerfreien Renditen können Sparer angesichts der gegenwärtigen Magerzinsen nur träumen.

Special II: Fliegeruhren – zum Abheben

Nicht nur Piloten tragen sie gern am Handgelenk. Ihr sportliches Design, ihre Robustheit und manche spannende Geschichte aus der Frühzeit der Fliegerei machen sie zu Bestsellern unter den Zeitmessern.

Wenn es einen Namen gibt, der den Freunden außergewöhnlicher Zeitmesser sofort einfällt, wenn es um Fliegeruhren geht, dann ist es die Frankfurter Pilotenlegende Helmut Sinn. Er war Kampfflieger im Zweiten Weltkrieg, später Pilot aus Leidenschaft und Fluglehrer. Als Unternehmer gründete er die Firma Sinn in Frankfurt und übernahm nach deren Verkauf als Deutschlands ältester Jungunternehmer vorübergehend den Uhrenhersteller Guinand. Seine Fans – und davon gibt es viele – nennen ihn den „schnellen Helmut“, weil er nicht nur als Pilot unterwegs war, sondern auch als Rallyefahrer.

Als Helmut Sinn im Herbst vergangenen Jahres seinen 100. Geburtstag feierte, brachte Guinand ihm zu Ehren den Chronographen „HS 100“ auf den Markt. Die auf 100 Exemplare limitierte Fliegeruhr „war schon nach wenigen Tagen ausverkauft“, freut sich Matthias Klüh, der vor einiger Zeit den Uhrenhersteller Guinand vom „schnellen Helmut“ übernommen hat.

„Uhrenläden“ in der Pilotenkanzel

So ist das eben mit den Fliegeruhren. Die inzwischen längst nicht nur männlichen Liebhaber dieser Zeitmesser wünschen sich nicht nur ein markantes Design und besondere technische Features, sondern auch prickelnde Storys von tollkühnen Männern in fliegenden Kisten. Viele Fliegeruhren umweht ein Hauch von Abenteurertum, erinnern an Zeiten, als die Cockpits wegen der vielen runden Anzeigeinstrumente oft als „Uhrenläden“ bezeichnet wurden und Touchscreens noch weitgehend unbekannt waren.

Wer in den 1960er-Jahren eine Flugreise nach New York antrat, begab sich in vielen Fällen an Bord einer vierstrahligen Boeing 707, damals das Nonplusultra in Sachen Langstecken-Fliegerei. Was jedoch kaum einer wusste: Im Cockpit des Langstreckenjets tickte Schweizer Uhrmacher-Know-how. Es war eine Breitling-Wakmann, die den Piloten die Zeit anzeigte.

Heute gehört die Stil-Ikone Breitling Navitimer zu den bekanntesten und beliebtesten Fliegeruhren. Entwickelt wurde dieses Modell allerdings nicht von einem Piloten, sondern von dem Mathematiker Marcel Robert, der auf die Idee kam, einen kreisförmigen Rechenschieber in die Armbanduhr zu integrieren. Mithilfe der logarithmischen Rechenscheibe ist es möglich, Flugdistanzen zu kalkulieren.

Beinahe alle führenden Hersteller haben Zeitmesser im Sortiment, die mit der Luft- und Raumfahrt zu tun haben – und sei es auch, in ihrer archaischen Form. Die Navigationsuhr Lindbergh von Longines etwa ist ein Referenzerweis an den Pionier des transatlantischen Flugverkehrs. Die „Moonwatch“ mit dem legendären Lemania-Werk Kaliber 2310, die am Handgelenk von Neil Armstrong tickte, als dieser im Jahr 1969 als erster Menschen den Mond betrat, ist bis heute ein begehrtes Sammlerstück. Zu den gesuchten Klassikern unter den Fliegeruhren gehört ferner die Mark XI von IWC, einst die Fliegeruhr der Royal Air Force. Kultstatus genießt mittlerweile auch die Große Fliegeruhr von IWC, von der die Manufaktur in Schaffhausen im Jahr 2002 ein Nachfolgemodell lancierte.

Dienstuhren für die Luftwaffe

Vom deutschen Hersteller Tutima stammt der Military Chronograph, in dem ebenfalls ein Lemania-Werk tickt, und damit die offizielle Dienstuhr der Luftwaffenpiloten. Mittlerweile brachte die Manufaktur, die jahrelang in Ganderkesee bei Bremen angesiedelt war und nun wieder im sächsischen Uhren-Mekka Glashütte zu Hause ist, das Nachfolgemodell M2 auf den Markt. Rolex präsentierte vor ziemlich genau einem Jahr auf der Baselworld 2016 eine Neuauflage seiner Fliegeruhr „Air King“. Und vor allem bei der jüngeren Zielgruppe begehrt sind die Uhren der Marke Bell & Ross. Deren quadratische Modelle mit rundem

Zifferblatt sind den Instrumenten in (älteren) Flugzeugen nachempfunden. Der deutsche Hersteller Fortis bietet mit der B-42 Chronograph Alarm einen Fliegerchronographen mit Weckerfunktion und mit dem Fortis Official Cosmonaut Chronograph einen Weltraum-Chronographen. Die Luxusuhren-Manufaktur Zenith (Louis Vuitton Hennessy Gruppe) stellt schließlich mit dem El Primero Stratos Flyback Striking 10th Chronograph eine Uhr her, die der österreichische Extremsportler Felix Baumgartner im Oktober 2012 bei seinem Sprung aus der Stratosphäre trug.

Auch preisgünstigere Marken haben Uhren im Flieger-Design im Sortiment, wie zum Beispiel Laco (Pforzheim), Zeno Watch (Basel), Steinhart (Stadtbergen bei Augsburg) sowie Aristo (Pforzheim) mit der Serie „Messerschmidt".

Cartier machte den Anfang

Die erste Armbanduhr für Piloten fertigte Louis Cartier Anfang des 20. Jahrhunderts für den brasilianischen Piloten und Flugzeugkonstrukteur Alberto Santos Dumont. Der Motorflugpionier wünschte sich einen auch nachts gut ablesbaren Zeitmesser. Die Santos ist bis heute ein führendes Modell des inzwischen zum Richemont-Konzern gehörenden Luxusgüter-Herstellers Cartier. Die charakteristischen Design-Merkmale der Santos – die abgerundeten Ecken des Zifferblatts und die markanten Schrauben auf der Lünette – blieben erhalten, obgleich die Santos heute eher an eine Schmuck- denn an eine Pilotenuhr gemahnt.

Zu den Charakteristika einer klassischen Fliegeruhr gehören „traditionelle Gestaltungsmerkmale, wie zum Beispiel eine klare Ablesbarkeit und eine deutliche dreieckige 12-Uhr-Markierung“, weiß Simone Richter. Die Marketing- und Kommunikationschefin von Sinn Spezialuhren in Frankfurt fügt hinzu: „In der Praxis sind aber auch eine Unterdrucksicherheit bis 0,2 bar, was einer Flughöhe von 12.000 Metern entspricht, und eine sehr gute allgemeine mechanische Stabilität wesentlich.“ Sinnvoll erscheint darüber hinaus ein Schutz der Uhr gegen Magnetisierung.

Die klassischen Fliegeruhren haben zwei Gesichter. Bei den Modellen der Baureihe A sind die Stundenzahlen in gewohnter Weise rund um das Zifferblatt angeordnet, das deshalb einen eher schlichten und „aufgeräumten“ Eindruck macht. Bei den Fliegeruhren der Baureihe B bleibt der äußere Rand des Zifferblatts den Minuten vorbehalten, die Stundenmarkierungen befinden sich in einem Kreis in der Mitte des Zifferblatts.

Neuer technischer Standard für Fliegeruhren

Auf Initiative des Frankfurter Herstellers Sinn entwickelte die Fachhochschule Aachen im Jahr 2012 einen technischen Standard für Fliegeruhren (Testaf). Er mündete im vergangenen Jahr in die

Industrienorm DIN 8330. „Fliegeruhren müssen die vorgeschriebenen Instrumente zur Zeitmessung an Bord eines Flugzeugs bei Ausfall oder Störungen ersetzen können", erläutert Professor Frank Janser von der Fachhochschule Aachen den Hintergrund dieser Standardisierung. Für Taucheruhren gibt es ähnliche Vorgaben schon seit Langem.

Neben Sinn bietet auch Stowa – ebenfalls ein klassischer und traditionsreicher Hersteller von Fliegeruhren – mit dem Modell Testaf 01 einen Zeitmesser, der diesen neuen Standards entspricht. Die Marke Stowa, die seit mehreren Jahren Jörg Schauer gehört und ihren Sitz in Engelsbrand in der Nähe von Pforzheim hat, stellte bereits im Zweiten Weltkrieg offizielle Fliegeruhren her (siehe „Fliegeruhren als Investment").

Bleibt die Frage, ob man(n) solche Uhren überhaupt braucht. Immerhin gibt es in Deutschland und in den Nachbarstaaten mehr Besitzer von Fliegeruhren als Piloten. Den meisten Freunden von Flieger- und Taucher-Uhren geht es aber um etwas ganz anderes: Sie wünschen sich für den Alltag eine robuste Uhr mit markantem Design und guter Ablesbarkeit auch im Dunkeln. Wenn dann noch eine spannende Geschichte von tollkühnen Piloten dahintersteckt – umso besser.

INFO: FLIEGERUHREN ALS INVESTMENT

Wer im Besitz einer klassischen, gut gepflegten Fliegeruhr ist, darf sich freuen. Für diese Zeitmesser zahlen Sammler heute hohe vierstellige Preise. Vor allem Originale aus den 1930er- und 1940er-Jahren sind sehr begehrt. Für eine Stowa B-Uhr aus dem Zweiten Weltkrieg zum Beispiel musste man Anfang 2017 zwischen 6.500 und 7.000 Euro zahlen, je nach Erhaltungszustand etwas mehr oder weniger.

Zu den deutschen Klassikern gehören fünf Fabrikate mit speziellen Kalibern (Uhrwerken), die seinerzeit vom Reichsluftfahrtministerium spezifiziert wurden. Dabei handelt es sich um folgende Zeitmesser:

1. Lange & Söhne Fliegeruhr mit dem Kaliber 48/1
2. Laco Fliegeruhr mit Durowe-Kaliber D5
3. Stowa Fliegeruhr mit dem Unitas-Kaliber 2812
4. Wempe Fliegeruhr mit dem Thommen-Kaliber 31
5. IWC Fliegeruhr mit dem Kaliber 52 und Zentralsekunde

Kultstatus genießen auch die Fliegeruhren der Schaffhausener Manufaktur IWC. Bereits im Jahr 1935 baute das von dem Amerikaner Florentine Ariosto Jones gegründete Unternehmen eine erste Fliegeruhr mit Drehlünette. Im Jahr 1940 folgte die „Große Fliegeruhr". Besonders gefragt (und teuer) sind die alten „Mark"-Modelle von IWC.

Kaum bekannt außerhalb von Sammlerkreisen sind schließlich die Fliegeruhren des Schweizer Herstellers Omega. Das Unternehmen stellte ab den 1930er-Jahren Fliegeruhren sowohl für die britische Royal Air Force als auch für die Deutsche Luftwaffe her. Für die sehr seltene Fliegeruhr mit Drehlünette und dem Kaliber 26.5 SOB aus dem Jahr 1935 muss man heute ebenfalls einen hohen vierstelligen Betrag investieren. Von den alten Breitling Navitimern sind vor allem die Modelle mit dem Valjoux-Kaliber 72 interessant.

SPECIAL III: REGULATOREN UND EINZEIGERUHREN

Wenn es darum geht, mit einem Blick festzustellen, wie spät es ist, erweisen sich die sogenannten Dreizeiger-Uhren als unschlagbar. Auf dem Zifferblatt kreisen nur Stunden-, Minuten- und Sekundenzeiger. Keine Hilfszifferblätter, wie sie zum Beispiel bei Chronographen üblich sind, erschweren die Ablesbarkeit. Bei den Fliegeruhren kommt der schnellen und präzisen Zeitinformation besondere Bedeutung zu. Die Zifferblätter dieser Zeitmesser sind in der Regel schwarz, die Zeiger weiß und mit Leuchtmasse (Superluminova) beschichtet, damit man auch nachts ohne den Schein einer Nachttischlampe erkennt, was die Stunde geschlagen hat. Manche Uhrenfreunde legen großen Wert auf die Ablesbarkeit ihrer Armbanduhr. Müssen sie erst ihre Lesebrille zücken, um zu sehen, wie spät es ist, kann dies schon ein K. O.-Kriterium für die entsprechende Uhr sein.

Doch dann gibt es noch ganz andere Uhren mit einer ganz speziellen Zifferblattgestaltung. Diese sind zumindest in der Anfangsphase für ihre Träger etwas gewöhnungsbedürftig, obwohl sie gerade wegen ihrer ungewöhnlichen Zeitanzeige von vielen Uhrenfreunden sehr geschätzt werden. Wer sich einen Regulator oder eine Einzeigeruhr ans Handgelenk bindet, muss in der Eingewöhnungszeit meist etwas länger auf das Zifferblatt schauen, um die Zeit zu erfassen. Doch das Zifferblatt gilt bekanntlich als das „Gesicht" einer Uhr – und wer schaut nicht gern in ein schönes Gesicht?

Die gegenüber der klassischen Dreizeigeruhr aus dem Rahmen fallende Zeitanzeige ist allerdings auch das Einzige, was Regulatoren und Einzeigeruhren verbindet. Bei Regulatoren steht nämlich die Minute im Vordergrund, bei Einzeigeruhren die Stunde. Ein Regulator soll die Zeit mit größtmöglicher Genauigkeit anzeigen. Für Einzeigeruhren gilt der „Charme des Ungefähren", wie es Meistersinger, der führende Hersteller solcher Uhren, fast schon poetisch beschreibt.

Bleiben wir zunächst bei den Regulatoren. Deren typische Zifferblätter waren früher nur bei Präzisionspendeluhren und anderen Großuhren zu finden, bei denen es auf absolute Genauigkeit ankam. Hochwertige Regulatoren weisen eine Gangabweichung von weniger als einer Sekunde pro Monat auf. Wegen dieser Genauigkeit wurden Regulatoren früher zum Beispiel im wissenschaftlichen Bereich eingesetzt. Aber auch Uhrmachermeister schätzten Regulatoren, weil sie ihre anderen Uhren exakt nach diesen hochpräzisen Zeitmessern einstellen konnten. Heute würde man sagen: Der Regulator war so etwas wie die „Benchmark" der Uhrmacher. Längst kann man aber die exakte Zeit auf viel prosaischere Weise ermitteln: Man ruft einfach im Internet die „Atomuhr" auf (www.atomuhr.de). Bei diesem Zeitmesser sorgen Caesium-Atome für den gleichmäßigen Takt. Auch Funkuhren greifen auf die Zeit der Atomuhr zurück. Regulatoren wären streng genommen also schon lange überflüssig. Ebenso, wie an und für sich niemand mehr eine mechanische Uhr braucht – ein Blick aufs Smartphone reicht aus, um zu erfahren, wie spät es ist. Doch geht es den vielen Uhrenfreunden rund um die Welt nicht vorrangig um die Zeit, sondern um die Faszination der Mechanik, um die handwerkliche Kunst, die in einer mechanischen Uhr – und eben auch in einem Regulator – steckt.

Ein Regulator ist mit einem Blick auf das Zifferblatt schnell zu erkennen. Der große Minutenzeiger aus der Mitte dominiert das Design. Die Stunden- und Sekundenzeiger drehen sich hingegen auf kleinen Hilfszifferblättern im oberen beziehungsweise unteren Bereich des Zifferblatts. Ein Blick genügt also, und man kann ganz genau ablesen, wie viele Minuten seit der letzten vollen Stunde vergangen sind. Also zum Beispiel 33 Minuten. Nun blickt man auf den kleinen Stundenanzeiger und erkennt, dass dieser zwischen 10 und 11 Uhr steht. Es ist also 10.33 Uhr. Wer es genauer mag, kann nun noch auf das Hilfszifferblatt mit der Sekundenanzeige schauen.

Jahrelang begegnete man diesen Zifferblättern nur bei Großuhren, dann aber sorgte der Hersteller Chronoswiss dafür, dass auch Regulatoren als Armbanduhren immer populärer wurden. Im Jahr 1987 brachte Chronoswiss den Régulateur auf den Markt, der bei Uhren-Gourmets sofort auf viel Gegenliebe stieß und heute zu den begehrten Sammlerstücken unter den Armbanduhren zählt. Viele Marken ergänzten ihre Kollektion später um Uhren mit Regulator-Zifferblatt. Zum Beispiel der bekannte Frankfurter Hersteller Sinn, oder auch Union Glashütte. Etwas preiswerter ist der Regulator von Poljot International.

Geht es beim Regulator um Minuten, so lassen es die Träger von Einzeigeruhren eher lässig angehen. Und tatsächlich: Wann kommt es eigentlich wirklich auf die Sekunde an? Sicher beim Raketen-Countdown, oder in der Silvesternacht, wenn man pünktlich auf das neue Jahr anstoßen möchte. Doch wie verhindert der Besitzer einer Einzeigeruhr, dass er seinen Zug verpasst? Sehen wir einmal von der Tatsache ab, dass viele Züge vor allem in Deutschland (leider) ohnehin unpünktlich sind, so gibt es ein probates Mittel, um pünktlich am Bahnsteig zu sein: Man fährt einfach fünf Minuten früher zum Bahnhof und wartet ganz entspannt, bis der Zug einläuft.

Bis etwa Mitte des 18. Jahrhunderts hatten alle Turmuhren nur einen (Stunden-)Zeiger. Davon zeugen heute noch zum Beispiel die Turmuhr des Palais de Justice in Paris, die Altstedter-Uhr im Kloster Maulbronn oder die Rathausuhr in Lenzen (Elbe). Die älteste noch funktionierende Einzeigeruhr Deutschlands findet man im Kirchturm von Buchta in Sachsen-Anhalt. Sie wurde von einem Schmied etwa im Jahr 1960 gebaut.

Sogar die namhaftesten Uhrmacherlegenden bauten Einzeigeruhren. Der Schweizer Pierre Didier Lagisse schuf im 17. Jahrhundert eine Spindeluhr mit nur einem Zeiger. Abraham Louis Breguet, der nicht nur das Tourbillon, sondern unter anderem auch die nach ihm benannte Spirale erfand, baute die Einzeigeruhr Montre à Souscription. Als sich später die Zweizeigeruhren durchsetzten, stifteten sie anfangs nur Verwirrung. Was sollte nun plötzlich der

Minutenzeiger auf dem Zifferblatt? Es dauerte eine ganze Weile, bis sich die Menschen an diese genauere Zeitanzeige gewöhnt hatten.

Anschließend galten Einzeigeruhren weitgehend als Zeitmesser der Vergangenheit. In der sogenannten Beschleunigungsgesellschaft, in der es offenbar auf jede Minute ankommt, glaubten wir, uns diese etwas legere Form der Zeitanzeige nicht mehr leisten zu können. Wir kauften Quarzuhren, die nicht nur preiswerter, sondern auch erheblich präziser sind als mechanische Uhren. Manche entschieden sich für Funkuhren, die per Zeitsignal gesteuert werden und somit extrem genau laufen.

Doch brauchen wir überhaupt stets die absolut genaue Zeit. Sorgt die sekundengenaue Zeitanzeige nicht eher für zusätzlichen Stress? Oder kann die Renaissance der Einzeigeruhr nicht sogar zur Entschleunigung der sogenannten Hochgeschwindigkeitsgesellschaft beitragen? Diese Überlegungen inspirierten den Industriedesigner und Uhrenfreund Klaus Botta aus Königsstein im Taunus. Ende der 1980er-Jahre brachte er „Einzeigeruhren fürs Handgelenk“ auf den Markt. Wenige Jahre später gründete sein früherer Partner Manfred Brassler in Münster die Marke „Meistersinger“, die heute nachgerade synonym für Einzeigeruhren steht. Auch Jörg Schauer, Inhaber der in diesem Buch vorgestellten Marke Stowa, brachte eine Einzeigeruhr auf den Markt.

Das Prinzip der meisten Einzeigeruhren ist denkbar einfach, und wer sich erst einmal an diese Form der Zeitanzeige gewöhnt hat, dürfte keine Probleme damit haben, die Zeit mit einiger Genauigkeit abzulesen. Der Nadelzeiger einer Einzeigeruhr dreht zweimal täglich seine Runde (jeweils 12 Stunden). Etwas größere Indexe zwischen den Stundenanzeigen markieren die Viertelstunde, halbe Stunde und Dreiviertelstunde. Dazwischen zeigen kleinere Indexe jeweils den Zeitraum von fünf Minuten an. Das heißt, die Zeit kann mindestens auf fünf Minuten genau abgelesen werden – mit einiger Übung und guter Sehkraft sogar noch genauer. Daneben gibt es Einzeigeruhren mit 24-Stunden-Anzeige. In diesem Fall dreht sich der Zeiger nur einmal am Tag, was dann allerdings eine sehr exakte und sehr gute Ablesbarkeit voraussetzt.

Der Augsburger Manuel Neuhaus indessen mochte sich mit dem Charme des Ungefähren nicht so recht anfreunden. Für ihn war es eine besondere Herausforderung, die alte Tradition der Einzeigeruhr neu zu interpretieren. Etwas genauer und alltagstauglicher als bei den herkömmlichen Einzeigeruhren sollte es aber schon sein. „Unter dem Sonnenschirm in Italien hatte ich dann mein Heureka-Erlebnis", erinnert sich Neuhaus. „Der Zeiger muss sich einfach schneller drehen."

Wir besuchten Manuel Neuhaus in der Fuggerstadt und ließen uns das Prinzip erklären. Die Zifferblätter der meisten Uhren mit Analog-Anzeige sind bekanntlich in zwölf Stunden eingeteilt. Der Stundenzeiger dreht also im Laufe des Tages zweimal seine

Runde. Stehen die Zeiger auf 5-Uhr, dann wissen wir, dass es entweder 5 Uhr morgens oder 5 Uhr nachmittags ist. Wird auf den Minutenzeiger verzichtet, dann kann man selbst bei einer sehr feinen Skalierung und einem Stundenzeiger, der einer Tachonadel gleicht, die Zeit nur ungefähr ablesen.

Die Idee von Manuel Neuhaus bestand nun darin, das Zifferblatt seiner Einzeigeruhr nicht in 12, sondern in zweimal 6 Stunden aufzuteilen und den Stundenzeiger entsprechend schneller laufen zu lassen. „Der Zeiger dreht sich in 6 Stunden um 360 Grad", erläutert Neuhaus. Der Augsburger hat die Einzeigeruhr – für viele ein Instrument der Entschleunigung – letztlich beschleunigt. Der Vorteil: Wenn das Zifferblatt statt in 12 nur in 6 Stundensektoren unterteilt ist, bleibt mehr Raum zwischen den Stunden. „Diese Zwischenräume sind unterteilt in halbe Stunden, Viertelstunden und Fünf-Minuten-Bereiche. Diese Sektoren sind wegen der doppelten Geschwindigkeit alle doppelt so groß wie normalerweise und deshalb optimal ablesbar", erklärt Neuhaus das Prinzip seiner Einzeigeruhr. Für jede Stunde gibt es zwei Ziffern, zum Beispiel 01 und 07. Ob es nun 1 oder 7 Uhr ist (entsprechend der Unterteilung des Zifferblatts in 6 Stundensektoren), muss der Träger selbst entscheiden. Aber so viel Zeitgefühl dürfte jeder aufbringen – notfalls hilft ein Blick aus dem Fenster.

Kleines Uhrenlexikon

Anker

Den vom Ankerrad empfangenen Kraftimpuls gibt der Anker an die Unruh weiter. Beim Schweizer Ankergang liegen die Drehpunkte von Ankerrad, Anker und Unruh in der Regel in einer Geraden. Ist dies nicht der Fall, spricht man von einem lateralen Anker. Ein Beispiel für den im rechten Winkel, also seitlich, platzierten Anker ist das Gruen-Tecno-Formwerk von Aegler, das sich auch im berühmtem Armband-Chronometer Prince von Rolex befindet.

Ankergang

Eine freie Hemmung, die in allen guten Armbanduhren zu finden ist.

Assortiment

Bezeichnung für Teile der Hemmung. Ein Stahl-Assortiment besteht aus einem Anker und einem Ankerrad aus Stahl.

Beryllium

Metall zur Herstellung der Glucydur-Unruh.

Bimetall-Schraubenunruh

Die Bimetall-Schraubenunruh kompensierte früher zum Teil Temperaturschwankungen, die sich ungünstig auf den Gang der Uhr auswirken.

Breguet-Spirale

Eine spezielle Unruhspirale mit aufgebogener Endkurve. Sie galt lange Zeit als ein besonderes Merkmal von Präzisionsuhren.

Brücke

Teil des Rohwerks, das der Lagerung von Rädern dient und mit zwei Schrauben fixiert ist. Es gibt die Aufzugsbrücke und die Räderwerkbrücke. Siehe auch Kloben.

Brückenwerk

Die rückseitige Werkplatine, die aus mehreren Brücken und Kloben besteht.

Cal.

Kurzform für „calibre“, französisch für Uhrwerk. Meist mit Beifügung des Herstellers und einer Nummer zur Unterscheidung (zum Beispiel ETA 2892-2), oft mit Größenangabe (zum Beispiel 13‴). Zu unterscheiden sind runde Kaliber und Formwerke mit einer ovalen, rechteckigen oder ähnlichen Form. Die Bezeichnung „R“ steht für „rectangulaire“ (rechteckig).

Chaton

Bei hochwertigen Armbanduhren oft in Gold gefasste Rubinlager, bisweilen mit zwei oder drei Schrauben in der Platine befestigt (verschraubte Lager).

Chronograph

Uhr mit Zusatzmechanismus zum Stoppen von Zeiten. Der Chronographen-Zeiger ist zentral gelagert, für den Minuten- und Stunden-Totalisator werden kleine Hilfszifferblätter verwendet. Der Mechanismus besteht aus verschiedenen Hebeln und Rädern. Man unterscheidet die Konstruktion mit und ohne Schaltrad (Kulissenschaltung). Formwerke sind bei Chronographen selten.

Chronometer

Hochwertige, in verschiedenen Lagen und bei unterschiedlichen Temperaturen regulierte Uhren, deren Ganggenauigkeit durch ein offizielles Institut geprüft und mit einem Zertifikat bestätigt wird.

Deckstein

Ein Deckstein hat die Reibung des Lagers zusätzlich zu verringern. Er begrenzt das Achsenspiel. Decksteine werden im Unruhlager immer und gelegentlich im Lager des Ankerrads verwendet.

Digitalanzeige

Es gibt Digitalanzeigen mit Ziffern, ohne Zeiger, im Fenster oder auf dem Display.

Ébauche

Französisch für Rohwerk. Einst verstand man darunter nur die unbeweglichen Werkteile, heute wird das Rohwerk geliefert, zum Beispiel von der ETA.

Ewiger Kalender

Armbanduhren mit dem höchst komplizierten ewigen Kalender werden nur in kleinen Stückzahlen gefertigt. Ein Mechanismus schaltet den gesamten Kalender automatisch, angefangen von den verschiedenen Monatslängen über Wochentage und Monate bis zu den Schaltjahren. Meist kommt noch eine Mondphasenanzeige hinzu.

Feinreglage

Die Feinreglage gleicht die Unterschiede im Gang der Uhr aus. Zu diesem Zweck werden die Uhren von Spezialisten in verschiedenen Lagen und bei verschiedenen Temperaturen feingestellt. Meist verfügen solche Zeitmesser auch über einen Feinregulator, mit dem der Rückerzeiger mikrometerweise verschoben werden kann. Andere Uhren besitzen Abgleichschrauben auf der Unruh, mit denen die Trägheit des Reglers verändert werden kann.

Formwerk

Darunter versteht man Uhrwerke, die im Grundriss von der Kreisform abweichen. Mit ihnen stellt die Armbanduhr ihre eigenständige Entwicklung unter Beweis. Mit Einführung der

Automatikkaliber kehrte man weitgehend zum runden Werktyp zurück. Auch in manchen Tonneau-Uhren ticken runde Werke.

Gangreserveanzeiger

Der Gangreserveanzeiger stellt eine reizvolle Zusatzindikation dar. Bei Armbanduhren kam sie mit Einführung des Selbstaufzugs zur Anwendung. Der Träger sollte damit über den Stand der Gangreserve jederzeit informiert sein. Aber auch manche Automatikuhren verfügen über diese Anzeige.

Kloben

Der Kloben ist Teil des Rohwerks zur Lagerung eines Rads oder der Unruh. Er wird nur von einer Schraube und einem Passstift gehalten.

Komplikation

Zusatzmechanismus, der zur Werthaltigkeit einer Uhr beitragen kann. Dazu zählen Repetition, ewiger Kalender und auch Chronographen.

Kulissenschaltung

Bei Armband-Chronographen wird der Mechanismus über ein Schaltrad oder über einen Schalthebel gesteuert. Die Konstruktion ohne Schaltrad führt die Bezeichnung Kulissenschaltung.

Lagenfehler

Das Gangverhalten einer Armbanduhr ändert sich in den verschiedenen Lagen geringfügig. Die Abweichung, als Lagenfehler bezeichnet, resultiert aus der Lagerreibung, der Unwucht der Unruh und dem Schwerpunkt der Spirale.

Lagersteine

Lagersteine werden für hochwertige Uhren aus Rubinen hergestellt. Sie verringern den Verschleiß der Wellenenden (Zapfen) und vermindert die Reibung.

Limitierte Auflage

In Kleinstserien oder aus einem bestimmten Anlass hergestellte komplizierte Uhren werden häufig fortlaufend auf dem Zifferblatt oder auf dem Gehäuseboden nummeriert, zum Beispiel 200/250 (= die 200. Uhr einer Serie mit insgesamt 250 Stück).

Linie

Die Linie ist das Längemaß der Uhrmacherei. 1 Linie (1‴) = 2,256 Millimeter. Sie wird zur Angabe der Werkgröße verwendet. Die Größen für Armbanduhren-Kaliber liegen zum Beispiel zwischen 5,5 und 13‴.

Minutenrad

Das Minutenrad ist in der Regel das in der Mitte des Werks platzierte Zahnrad, auf dem der Minutenzeiger sitzt und das mit seinem Trieb die Kraft vom Federhaus übernimmt sowie an das Kleinbodenrad weiterleitet.

Nivaflex

Die Nivaflex ist eine ermüdungsfreie und unzerbrechliche Zugfeder aus der Speziallegierung Beryllium, Molybdän, Nickel, Kobalt, Eisen, Wolfram und Titan mit einer äußerst günstigen Kraftentladungskurve. Sie löste nach 1950 die Stahlfeder ab, die eine sehr beschränkte Lebensdauer hatte.

Nivarox-Spirale

Die Nivarox-Spirale wird aus der Legierung Nivarox gefertigt und ist nicht rostend, nicht magnetisch, elastisch und doch hart wie Stahl. Da sie nicht anfällig für Temperaturschwankungen ist, erhöht sie die Ganggenauigkeit von Uhren. Sie löste die komplizierte und teurere Kompensationsunruh ab.

Platine

In der Uhrmachersprache versteht man unter Platine die Werkplatte, auf der das Uhrwerk aufgebaut ist. Die zweite Werkplatte bei Armbanduhren besteht meist aus Brücken und Kloben.

Reglage

Die Reglage dient der Optimierung des Gangs. Durch Veränderung der wirksamen Länge der Spiralfeder mithilfe des Rückers kann dieser beeinflusst und reguliert werden. Uhren sollten mindestens in zwei, besser jedoch in vier verschiedenen Lagen reguliert werden.

Rücker(-zeiger)

Der Rücker oder Rückerzeiger befindet sich auf dem Unruhkloben und ist verstellbar. Mit ihm lässt sich der Gang der Uhr regulieren. Früher hatte der Rücker einen Zeigerfortsatz, damit er sich leichter verschieben ließ und seine Stellung auf der Plus-Minus-Skala besser zu erkennen war.

Schaltrad

Bei den Chronographen-Mechanismen unterscheidet man zwei Konstruktionen – eine mit und eine ohne Schaltrad. Das Schaltrad ist auch für den Laien gut zu erkennen, denn es ist aus Stahl gefertigt und hat sieben bis neun kräftige Stiftzähne. Es steuert die Start- und Stoppuhrfunktionen und verhindert eine unbeabsichtigte Nullstellung des Chronographen-Zeigers.

Schwanenhals-Feinregulierung

Der Schwanenhals ist ein Spezialregulator zum Feinstellen der Uhr. Durch eine Feder in Schwanenhalsform und eine feine Schraube steht der Rückerzeiger unter Druck und kann seine Position nicht verändern.

Spiralfeder

Aufgerollte Feder, die an ihrem inneren Ende an der Unruhwelle und an ihrem äußeren Ende am Unruhkloben befestigt ist. Sie wurde zunächst aus Stahl, später aus Elinvat, heute aus Nivarox gefertigt. Die Spirale erzeugt zusammen mit dem Schwingkörper Unruh die Frequenz des Uhrwerks.

Stoßsicherung

Die Stoßsicherung dient in erster Linie den empfindlichen Zapfen der Unruhwelle. Am besten bewährt haben sich die elastischen Steinlager, zum Beispiel das System Incabloc.

Trieb

Das Trieb ist ein Zahnrad zur Kraftübertragung mit mehr als 6, aber weniger als 20 Zähnen.

Unruh

Die Unruh, auch Balance oder Gangregler genannt, ist ein taktgebendes Schwungrad, das ein gleichmäßiges Vorrücken der Zeiger über das Räderwerk ermöglicht. Ihr kommt die Aufgabe einer Schwungmasse zu: Sie muss die Spiralfeder immer wieder in die Ruhelage zurückführen. Durch Abstimmung von Unruh und Spirale wird die gewünschte Schwingungszahl erreicht. Die Unruh wird in Rubinlagern gehalten. Das Wellenende hat eine Stärke von etwa 0,1 Millimetern. Heute sind durch das Verwenden spezieller Materialien störende Einflüsse wie Temperaturschwankungen und Schwankungen der Federkraft weitgehend ausgeschaltet.

Zapfen

Als Zapfen werden die Enden einer Räder- oder Triebwelle bezeichnet, die in Rubinen oder steinlos gelagert sind.

Zeigerwerk

Das Zeigerwerk dient der Zeitanzeige. Viertelrohr mit Zahnkrank (auch Minutenrohr genannt), Wechselrad, Stundenrad und Zeigerstellrad bilden das Zeigerwerk. Hierbei wird die Drehbewegung des Minutenrads im Verhältnis 12:1 auf das Stundenrad mit Zeiger übertragen. Um die Zeiger stellen zu können, besteht zwischen Minutenradwelle und Viertelrohr, das den Minutenzeiger trägt, eine Reibungsverbindung. Durch Ziehen der Krone wird über die Aufzugswelle das Verstellen der Zeiger ermöglicht.

Zentralsekunde

Ursprünglich war die Zentralsekunde vornehmlich in Billiguhren, ab Mitte der 1930er-Jahre dann immer häufiger auch bei guten Armbanduhren zu finden. Der Sekundenzeiger wird dabei von der Mitte des Zifferblatts aus angetrieben (ebenso wie der Stunden- und Minutenzeiger). Bei einer dezentralen Sekunde erfolgt die Anzeige über ein kleines Hilfszifferblatt, das in das Hauptzifferblatt der Uhr integriert ist.

Zugfeder

Die Zugfeder speichert die Energie und gibt diese zum Betrieb der Uhr ab. Sie treibt das Räderwerk an. In neuen Uhren ist sie unzerbrechlich und nicht rostend.

Statt eines Nachworts

Kurt Moritz

Bekenntnisse eines leidenschaftlichen Sammlers

Gestatten Sie bitte ein offenes Wort vorweg: Einen Uhrensammler mit Namen Kurt Moritz gibt es nicht. Jedenfalls nicht nach unserem Wissensstand. Vielmehr handelt es sich um ein Pseudonym für einen engagierten Uhrenliebhaber aus Süddeutschland. Er ist Anfang Fünfzig und seit Jahren in der Medienszene tätig. Mit anderen Sammlern hochwertiger Objekte hat er eines gemein: So sehr ihn seine edlen Zeitmesser faszinieren, so zurückhaltend wird er, wenn er über seine Kollektion reden soll. Wenn überhaupt, spricht er darüber nur in engstem Freundeskreis – und selbst dann geht er nicht ins Detail. Das hat einen guten Grund: Längst haben auch Kriminelle erkannt, dass man mit hochwertigen Uhren viel Geld verdienen kann. Und so vergeht kaum eine Woche, in der nicht finstere Zeitgenossen entweder in Privatwohnungen oder direkt in Juweliergeschäften teure Uhren rauben und anschließend über dunkle Kanäle oder sogar über das Internet vermarkten. Kurt Moritz bewahrt seine Schätze überwiegend in einem Banksafe auf, doch manche seiner guten Stücke befinden sich auch auf Uhrenbewegern in seinem Tresor zu Hause. Wenn man bedenkt, dass manche Sammlungen leicht den Gegenwert einer mittelgroßen Eigentumswohnung erreichen können, lässt es sich nachvollziehen, wenn Gesprächspartner wie

Kurt Moritz ihre Anonymität wahren möchten. Wir führten das Interview dennoch, weil vieles, was Moritz sagt, geradezu typisch ist für die Motive vieler Uhrensammler. Und weil er Antwort gibt auf die oftmals verständnislose Frage vieler Menschen ohne Uhren-Affinität: „Wie kann man nur so viel Geld ausgeben, nur um die Zeit ablesen zu können?"

Herr Moritz, mal ehrlich: Braucht der Mensch heutzutage eigentlich noch eine Armbanduhr? Die Zeit kann er schließlich überall ablesen. Und dann wären da noch die sogenannten Uhrenverweigerer, die keine Zeitmesser tragen, weil sie sich bewusst der kurzatmigen Beschleunigungsgesellschaft entziehen wollen. Haben Sie dafür Verständnis?

Ich akzeptiere das, nachvollziehen kann ich es jedoch nicht. Man hält die Zeit nicht an, indem man die Uhr ablegt. Und was Ihre erste Frage angeht, so trifft es natürlich zu, dass heute eigentlich keiner mehr eine Armbanduhr tragen müsste. Aber natürlich brauchen wir auch keinen Wein, kein gutes Essen, keinen Urlaub, kein Auto. Wir könnten uns in beinahe allen Lebensbereichen auf die existenzerhaltenden Standards zurückziehen. Dann freilich würden wir uns sehr schnell gewahr werden, dass es zu wenig ist, einfach nur zu existieren. Es geht doch darum, zu leben.

„Billigzwiebeln" sind dem Image abträglich

Eine Uhr ist für Sie also ein Luxusprodukt, das dem Leben ganz einfach ein wenig Glanz gibt?

Es stimmt schon, Armbanduhren sind der Schmuck des Mannes. Und wer auf Stil und guten Geschmack Wert legt, sollte vielleicht nicht unbedingt mit einer chinesischen Billigzwiebel durch die Welt laufen, die er als Geschenk für das Jahresabo eines Manager-Magazins erhalten hat. Es muss ja nicht gleich eine Uhr sein, die sich preislich im vierstelligen Bereich bewegt. Mechanische Zeitmesser von guter Qualität gibt es schon für unter 1.000 Euro. Regelmäßig gewartet und sorgfältig behandelt halten diese Uhren Jahrzehnte. Und ökologisch machen mechanische Zeitmesser ebenfalls Sinn. Denken Sie allein an die Berge von Batterien, die bei Quarzuhren im Laufe der Jahre ausgewechselt werden müssen.

Aber für manch einen dient die auffällige Armbanduhr doch in erster Linie der Befriedigung des eigenen Protzbedürfnisses, oder?

Ja, zweifellos, solche Zeitgenossen tragen bevorzugt ganz bestimmte Uhrenmarken und sind daher leicht auszumachen. Wahre Kenner beurteilen eine Uhr jedoch – um es modisch auszudrücken – ganzheitlich. Die Optik muss ansprechen, keine Frage. Als werterhaltend oder sogar wertsteigernd erweisen sich jedoch das Werk mit seinen Dekorationen und die Komplikationen der

Uhr. Schließlich achten Uhrenfreunde nicht zuletzt auf die Marke und die Tradition, die sich mit ihr verknüpft. Das ist ein ganz wichtiger Aspekt. Erfahrene Auktionatoren bestätigen immer wieder, dass vor allem Spitzenmarken wie Rolex, Patek Philippe und A. Lange & Söhne Spitzengebote erzielen.

Selbst wohlhabende Uhrensammler können nicht annähernd alle Marken und Modelle besitzen. Nach welchen Kriterien gehen Sammler vor?

Jeder setzt seine ganz individuellen Schwerpunkte. Beschränken wir uns auf die Sammler von Armbanduhren und lassen andere wichtige Bereiche wie Taschen- und Großuhren außen vor. Viele Sammler setzen ausschließlich oder schwerpunktmäßig auf Vintage-Uhren, sprich: auf Zeitmesser, die bereits vor mehreren Jahrzehnten produziert wurden und im Idealfall sogar prominente Vorbesitzer hatten. Im Herbst 2008 zum Beispiel versteigerte das renommierte Auktionshaus Antiquorum eine goldene Longines aus dem Jahr 1929, die einst keinem Geringeren als Albert Einstein gehörte. Der Hammer des Auktionators fiel erst bei umgerechnet knapp 414.000 Euro. Das sind natürlich große Ausnahmen, aber wer ein wenig in den Auktionskatalogen von Antiquorum oder Dr. Crott blättert, stellt fest, dass man mit gesuchten und qualitätsvollen Vintage-Uhren gute Chancen hat, richtig Geld zu verdienen. Vorausgesetzt natürlich, man hat vor Jahren günstig eingekauft. Das ist eben wie mit Aktien: Auf den Einstiegspreis kommt es an.

Und auf was achtet der Sammler aktueller Modelle?

Viele kaufen nur Uhren einer bestimmten Marke, sie wollen zum Beispiel alle Rolex-Modelle in ihrem Portfolio haben. Andere interessieren sich etwa nur für Piloten- oder Taucheruhren. Und wieder andere erstehen ausschließlich Zeitmesser mit ganz bestimmten Komplikationen, etwa Armbandwecker – um eine sehr nützliche Funktion zu nennen – oder Chronographen.

Die „Small-Caps" unter den Uhren

Auf den vorangegangenen Seiten haben wir unseren Lesern die Modelle kleiner Ateliers und Manufakturen vorgestellt – vom Ein-Mann-Unternehmen bis zum mittelständischen Betrieb. Lohnt es sich, in die Uhren solcher wenig bekannten Marken zu investieren?

Viele Uhrenliebhaber, die sich im Laufe der Jahre und Jahrzehnte ein ansehnliches Portfolio zusammengestellt haben, interessieren sich zunehmend für die Modelle der kleinen und kleinsten Hersteller, in denen oft viel Leidenschaft steckt. Eine solche Uhr zu tragen, verrät den eigentlichen Kenner, der nicht mit einem international bekannten Markennamen prahlen muss. Der relativ geringe Bekanntheitsgrad kann sich jedoch beim etwaigen Verkauf der Uhr nachteilig auswirken. Andererseits: Gerade im Internetzeitalter, da sich Fangemeinden international vernetzen, kann eine unbekannte kleine Marke morgen schon Kult sein. Das ist wie mit den Small-Caps an der Börse. Die Aktien kleinerer Unternehmen können bald die Rising-Stars sein. Eine Garantie gibt es freilich nicht.

Besitzen auch Sie Uhren von solchen kleineren Herstellern?

Selbstverständlich. Und ich werde häufig von Uhrenfreunden darauf angesprochen, die lediglich in Patek-, Rolex-, IWC- oder Breitling-Dimensionen denken. Hinzu kommt, dass die Uhren aus diesen kleinen Ateliers und Manufakturen zwar nicht immer, aber in vielen Fällen vergleichsweise günstig sind. Salopp ausgedrückt: Man bekommt „viel Uhr für's Geld".

Sie haben schon oft die Analogie zur Börse bemüht. Sind Uhren tatsächlich eine alternative Form der Kapitalanlage?

Eine schwierige Frage. Schauen wir in einen eng verwandten Bereich: Eignen sich Kunstwerke als Kapitalanlage? „Es kommt darauf an", so pflegen Volkswirte Antworten auf unbequeme Fragen einzuleiten, denn dies verschafft ihnen ein wenig Zeit, um nachzudenken. Es kommt also darauf an, heute zu kaufen, was morgen begehrt ist. Und das noch zu einem günstigen Preis. Wer sich für hochwertige mechanische Uhren interessiert, kann durchaus einen kleinen Teil seines Vermögens in diese Preziosen investieren. Aber natürlich stellen Uhren keine Alternativen zu Immobilien, Gold, Aktien oder einem Tagesgeldkonto dar. Der

Investor sollte seine Freude an den Uhren haben – und nicht mit ihnen spekulieren. Wer einen weitgehend krisensicheren Sachwert sucht, sollte sich lieber Goldbarren oder -münzen zulegen, sobald die Einstiegspreise günstig sind.

Weshalb Sammler Uhren verkaufen

Ein Sammler strebt danach, sein Portfolio zu vervollständigen. Warum verkaufen Uhrenliebhaber ab und zu einige ihrer guten Stücke?

Weil die Leidenschaft für Uhren sehr stark von Emotionen und Spontanität geprägt wird. Ein Uhrenfreund, der bei seinem Juwelier ein besonders schönes Stück entdeckt, das ihn fasziniert, wird vermutlich früher oder später – je nach Kassenlage – das Objekt seiner Begierde erstehen. Dann aber, nach einigen Monaten oder Jahren, ist es vorbei mit der Faszination. Er trennt sich von der einen oder anderen Uhr, um sich ein neues Modell anzuschaffen – meist mit Verlust. Aber natürlich hat jeder Freund edler Zeitmesser Uhren in seinem Portfolio, von denen er sich niemals trennen wird.

Welche sind das zum Beispiel?

Da hat natürlich jeder unterschiedliche Vorlieben. Mit manchen Uhren verknüpfen sich etwa ganz persönliche Geschichten. Und dann gibt es so etwas wie Faustregeln: Man müsste schon verrückt sein, würde man sich ohne akute Not von einer Patek trennen.

Und welche Favoriten haben Sie, Herr Moritz?

Die wechseln von Tag zu Tag. Insofern gehören alle in meinem Portfolio befindlichen Uhren zu meinen Favoriten. Besonders ans Herz gewachsen sind mir die Lange 1, die IWC Da Vinci, natürlich meine Nautilus von Patek und die Mayu von H. Moser & Cie. Was die sportlichen Uhren angeht, so schätze ich unter anderem meine Rolex Deepsea sowie Pilotenuhren von Sinn. Auch einige Modelle der in diesem Buch vorgestellten Hersteller trage ich sehr gern.

Mit welcher Uhr hat bei Ihnen persönlich alles begonnen – und wann war das?

Wann es genau begonnen hat, weiß ich nicht. Armband- und Taschenuhren haben mich schon immer fasziniert, insofern gab es kein bestimmtes Ereignis, das mich – vergleichbar mit einem U(h)r-Knall – zu einem Sammler gemacht hätte. Als Berufsanfänger kaufte ich mir die für meine damaligen Verhältnisse erste teure Uhr. Es war eine Omega-Constellation, die mir – um ganz offen zu sein – wenig Freude machte. Diese Uhr hatte ständig irgendwelche Macken. Im Laufe der Zeit näherten sich die Reparaturkosten dem Anschaffungspreis. Es war die Zeit, als Omega nicht nur wirtschaftliche, sondern auch Qualitätsprobleme hatte.

Enttäuscht kehrte ich Schweizer Uhren den Rücken und trug mehrere Jahre japanische Modelle. Die eigentliche Leidenschaft für hochwertige mechanische Zeitmesser begann dann – wie in den meisten Fällen – mit einer Rolex, Modell Datejust, die ich bis heute gern trage. So fing alles an. Seither informiere ich mich regelmäßig auf den bekannten Messen, wie etwa der Baselworld, und natürlich mit Hilfe der Fachliteratur über aktuelle Trends und Modelle.

Gibt es Uhren, die Sie niemals kaufen würden?

Natürlich. In den vergangenen Jahren kamen Modelle auf den Markt, die für einen Sammler, der nicht gerade millionenschwer ist, unerschwinglich sind. Oftmals scheinen die Preise obendrein völlig überzogen. Das Ganze erinnert mich etwas an den Börsen-Hype: Als die Börsianer am „Neuen Markt" noch fröhliche Urstände feierten, wurden den unbedarften Anlegern Aktien von Unternehmen verkauft, die außer horrenden Verlusten nichts Auffälliges zu bieten hatten. In der Uhrenbranche wirkte die Wirtschaftskrise in den Jahren 2009/2010 wie ein Korrektiv. Viele Hersteller erkannten, dass sie mit ihren Mondpreisen nicht zukunftsfähig sind und die Nachfrage nicht dauerhaft von Moskauer Milliardären oder chinesischen Neureichen ausgeht, sondern von den treuen Sammlern mit überschaubarem Budget. Ähnliches erleben wir seit 2016. Außerdem kann ich mich nicht mit Uhren anfreunden, deren Design zu sehr von aktuellen Modetrends bestimmt wird. Was heute mancher als „cool" empfinden mag, könnte in fünf Jahren nur noch hässlich sein. Schauen wir uns die erfolgreichsten Armbanduhren an – sie alle sind Design-Klassiker mit hohem Wiedererkennungswert. Denken Sie an die Oyster von Rolex, die erwähnte Nautilus von Patek oder die Royal Oak von Audemars Piguet. Viele der in diesem Buch porträtierten Hersteller bringen ebenfalls Modelle von klassischer Schönheit und ohne Firlefanz auf den Markt.

Und was halten Sie von der sogenannten Apple Watch, Herr Moritz?

Zu den sogenannten iWatches habe ich ein etwas ambivalentes Verhältnis. Auf der einen Seite tragen sie zur Renaissance der Armbanduhr bei, wenngleich in anderer Form. Auf der anderen Seite verzichte ich als Träger einer solchen Smartwatch natürlich auf die Kunst der feinen Mechanik. Ich will es so formulieren: Die Smartwatch ist etwas für Pragmatiker, die mechanische Uhr ist etwas für Genießer. Jeder muss wissen, zu welcher Gruppe er sich zählt.

Empfehlenswerte Weblinks

TOP-TIPP:

Unter dem folgenden Link finden Sie ein ausführliches Interview, das der Autor dieses Buches Alisa Zayasenko gab: https://www.chronext.de/magazin/stories/uhren-als-kapitalanlage-%E2%80%93-interview-mit-michael-brueckner

Links zu den im Buch erwähnten Herstellern:

www.cornehl-uhren.de

www.hessuhren.ch

www.lehmann-uhren.de

www.stowa.de

www.guinand-uhren.de

www.vertigo-uhren.de

www.alexander-shorokhoff.de

www.genesis-uhren

www.uts-uhren.de

www.helfer-watches.com

www.pellikaantiming.nl

www.jswatch.com

www.fuchs-uhr.de

In eigener Sache

Sie wissen, wie gute Uhren ticken.

Aber wie ticken Ihre Kunden, Partner, Kollegen – und vor allem die Vertreter der Medien?

Wenn Sie sicher sein wollen, immer den richtigen Ton zu treffen, dann vertrauen Sie dem Know-how und der Expertise eines erfahrenen Journalisten, Texters und Ghostwriters.

Ganz gleich, ob es um eine geschliffene Rede geht (privat oder geschäftlich), einen Magazin-Beitrag oder ein ganzes Buch: Bei mir sind Sie gut aufgehoben.

Auf Wunsch profitieren Sie auch von meinem langjährigen Know-how als verkaufsstarker Texter (print und online).

Das alles ist günstiger, als Sie denken.

Interesse?

Dann besuchen Sie einfach meine Website www.redaktion-brueckner.de. Dort finden Sie auch ein Interview mit mir als Ghostwriter und Redenschreiber.

Ich freue mich, von Ihnen zu hören.

Redaktionsbüro Michael Brückner
Multatulistraße 22
D-55218 Ingelheim

E-Mail: embeli@gmx.de
Telefon: 0170-2093793